2023年苏州市科普专项资金资助项目

HUA
KAI
SUZHOU
YUEJI
PIAN

花开苏州
月季篇

程培蕾　黄长兵　著

苏州大学出版社
Soochow University Press

图书在版编目(CIP)数据

花开苏州.月季篇/程培蕾,黄长兵著. -- 苏州：苏州大学出版社,2023.12
ISBN 978-7-5672-4733-8

Ⅰ.①花… Ⅱ.①程…②黄… Ⅲ.①月季-观赏园艺-苏州 Ⅳ.①S68

中国国家版本馆 CIP 数据核字(2024)第 015052 号

书　　名	花开苏州·月季篇
著　　者	程培蕾　黄长兵
责任编辑	严瑶婷

出版发行	苏州大学出版社(Soochow University Press)
社　　址	苏州市十梓街1号　邮编：215006
印　　刷	苏州市深广印刷有限公司
邮购热线	0512-67480030
销售热线	0512-67481020
开　　本	787 mm×1092 mm　1/16　印张：10.25　字数：122 千
版　　次	2023 年 12 月第 1 版
印　　次	2023 年 12 月第 1 次印刷
书　　号	ISBN 978-7-5672-4733-8
定　　价	89.00 元

若有印装错误,本社负责调换
苏州大学出版社营销部　电话：0512-67481020
苏州大学出版社网址　http://www.sudapress.com
苏州大学出版社邮箱　sdcbs@suda.edu.cn

序

  月季广泛分布于世界各地，极受大众喜爱。作为中国十大传统名花之一，其栽培历史可追溯到 2 000 多年前的汉武帝时期，而到了距今 1000 年前左右唐宋时期，育种师就选育出了与现代月季相差无几、四季开花的中国月季品种。18 世纪左右，中国月季传入欧洲，与欧洲常春月季反复杂交，选育出了现代月季。20 世纪，现代月季成为我国的重要花卉之一。但是，现代月季经过长期发展，已和我国原有月季不同，它是中国古老月季和野生蔷薇、欧洲本地蔷薇"血统"融合的产物，既是对中国月季 9 的继承，也是对中国月季的发展。

  月季应用广泛，鲜艳的色彩、良好的适应性，使得它们能够表现古典主义、田园风格及浪漫的自由主义等多种形式的种植基调，几乎可以用于花园中的任意角落。月季的应用范围十分广泛，居民阳台、小院，甚至高速公路、郊野路旁，都有其芳踪。此外，月季还可以用于饮食、美容和医疗等方面。例如，月季花瓣可以制作花茶、花酒等饮品；也可以提取精油用于化妆品和香水；月季的花瓣和果实还具有药用价值，可以用于治疗一些常见的疾病。

  苏州地区作为中国重要的花卉产区，其月季产业的发展也备受关注。近年来，苏州地区积极引进新品种、推广新技术、优化产业结构，使得月季产业逐渐成为当地的特色。同时，苏州地区还注重拓展市场渠道，加强与国内外花卉市场的交流与合作，进一步推动当地月季产业的发展。在《花开苏州·月季篇》一书中，作者对苏州地区的月季应用进行了深入的调研和详细的介绍，包括该地区适栽的月季品种；月季在苏州的栽培养护方法，如常见病虫害的防治、常见栽培类型的修剪、栽培养护月历，以及月季人工杂交育种的方法；主要月季专类园、市政月季应用及主要月季生产与研发单位；等等。通过阅读这本书，读者将更加全面地了解苏州地区月季产业的发展现状及其应用概况。

作者程培蕾、黄长兵所在的苏州农业职业技术学院月季课题组，主要从事月季种质资源收集评价与种质创新、新品种选育、产业化技术研发与应用等工作。项目团队依托江苏省林业长期科研基地（"蔷薇属花卉种质资源保育评价与产业化利用"），先后承担江苏省种业振兴"揭榜挂帅"项目、中央财政林业科技推广示范项目、江苏省林业科技创新与推广项目、江苏现代农业产业技术体系建设项目以及苏州市农业科技创新、苏州市科普项目等16个科研项目，选育优质多抗月季新品种22个，制定月季栽培和育苗技术省级标准3项，授权发明专利3项，发表论文11篇。获得全国农牧渔业丰收奖农业技术推成果奖二等奖、江苏省农业技术推广奖二等奖等。

总的来说，《花开苏州·月季篇》一书不仅介绍了月季的基本知识，还对苏州地区的月季产业和月季的广泛应用进行了剖析，是对中国花卉文化发展的一大贡献。这本书将带领读者走进月季的世界，感受这一美丽花卉的独特文化和无穷魅力。

周武忠

2023年11月12日于三亚海棠湾

前言

  月季是蔷薇科半常绿小灌木，被誉为"花中皇后"，是中国的传统十大名花之一，月季象征着吉祥、美好、幸福、爱情。我国早在唐宋时期就有了与现代月季相差无几、四季开花的月季品种，到了清朝，我国月季的栽培育种已领先于世界。现代栽培品种多为地被、直立、攀缘型灌木，具有花姿秀美、花色艳丽、芳香馥郁、四时常开等优点，深受世界各国园艺学家和普通消费者的青睐。

  现代月季雅俗共赏，家喻户晓，它的鲜艳色彩、良好适应性，使得它能够表现古典主义、田园风格及浪漫的自由主义等多种形式的种植基调，其应用范围也十分广泛，居民阳台、小院，甚至高速公路、郊野路旁，都有其芳踪，许多城市每年坚持举办月季市花展览会。

  月季不仅好看，还好吃、好用，食用价值极高，其主要的营养成分有：蛋白质、维生素、膳食纤维、钙、铁等，可用于制作花糕、花饼、花酱、色拉、花酒、花粥等；月季的花、根、叶均可入药，具有较强的抗真菌作用；花中提取的芳香油可用于制作化妆品及食用香精，具有美容养颜的功效。月季产业发展如火如荼，月季是名副其实的世界第一名花，其产业也是花卉中的第一大产业。

  在中国的历史长河中，苏州以其独特的文化底蕴和秀美的自然风光，成为众多文人墨客心中的世外桃源。月季，这种深受人们喜爱的花卉，以其多彩的花色、优雅的形态和迷人的香气，成为苏州城市景观的重要组成部分。在苏州的街头巷尾，月季的身影随处可见，它们在扮靓城市的同时，也成为人们生活中不可或缺的一部分。然而，尽管月季在苏州的应用已经十分普遍，却一直缺乏一本全面介绍苏州地区月季应用情况的科普书籍。在2023年苏州市科普项目"花开苏州—月季篇"（项目编号：zykf2023-13）的资助下，本书应运而生。本书旨在通过深入调研和系统梳理苏州地区的月季，为读者呈现一本关于苏州月季的"百科全书"。

《花开苏州·月季篇》涵盖了六个章节的内容，从月季的起源、发展历程、文化内涵和其在园艺、观赏等领域的应用价值，到200种适合在苏州栽培的月季品种的详细介绍，再到月季在苏州的栽培养护方法、主要月季专类园及市政月季应用介绍等，无一不展示月季在苏州的独特魅力。

其中，第二章主要通过实拍照片详细介绍200种适合在苏州栽培的月季品种，并对其基本特性、应用形式进行详细阐述。这些照片将帮助读者更直观地了解月季的形态和特点，从而更容易选择和种植适合自己的月季品种。以往的书籍多是笼统地介绍月季的栽培养护，而本书则是根据苏州地区的气候特点，为读者提供了一份完整的"月季在苏州的栽培养护月历"。这个部分详细梳理了月季在不同季节的病虫害防治方法，不同季节的水肥管理方式，以及针对不同类型月季的修剪技巧。本书还对苏州主要的月季专类园进行介绍，包括太仓恩钿月季公园、相城盛泽湖月季园、金鸡湖欧月园、张桥月季公园及常熟海虞月季园等。这些专类园是苏州月季应用的典范，也是游客们感受月季之美的最佳去处。此外，本书还详细介绍了苏州在道路美化方面对月季的应用，包括对高架月季及人民桥月季景观的拍摄和展示，并对常用路政月季品种进行梳理。这将帮助读者更直观地了解月季在道路美化中的应用，感受其带来的视觉享受。最后，本书还对苏州主要月季生产与研发单位进行调研和介绍，包括苏州市华冠园创园艺科技有限公司、苏州华绚园艺有限公司、江苏亚千生态环境工程有限公司、常熟菁农园艺科技有限公司以及苏州农业职业技术学院。这些企业和院校在推动苏州月季产业的发展方面起到了至关重要的作用。

总的来说，《花开苏州·月季篇》不仅是一本关于月季的科普书籍，更是一本描绘苏州城市风貌和体现苏州人文气息的精美画册。我们希望通过本书，让更多的人了解并爱上苏州的月季，同时也进一步领略到这座城市的独特魅力。

由于编者水平有限，错误在所难免，敬请读者批评指正。最后，我们要感谢苏州市科普项目"花开苏州—月季篇"，江苏省种业振兴"揭榜挂帅"项目"优质多抗月季新品种选育及产业化技术集成"，中央财政林业科技推广示范项目"月季新品种选育与种苗繁育技术集成与示范"为本书的调研、撰写、出版所提供的经费支持，感谢苏州科普频道金小花编辑、葛雷摄影师、周海峰摄影师对科普活动的策划与报道，感谢江苏省花卉产业技术体系病虫防控创新团队专家沈迎春教授对月季病虫害防治的指导，感谢苏州市华冠园创园艺科技有限公司姜正之、杨绍宗的支持，感谢苏州农业职业技术学院王荷、严陶韬、王炀、程雯慧对书籍撰写、项目执行提供的帮助，感谢书中选用网络图片的创作者，同时，也要感谢所有为本书提供支持和帮助的朋友们。希望《花开苏州·月季篇》能给所有读者带来愉悦和收获，也期待读者能通过本书更深入地了解和喜爱上苏州这座美丽的城市。

程培蕾 董志浩
2023 年 11 月 于苏州

目录

第一章　月季的前世今生　/ 1

　　一、月季的起源与发展　/ 1

　　二、月季文化　/ 3

　　三、月季、蔷薇和玫瑰的关系　/ 6

　　四、月季的应用价值　/ 11

第二章　苏州地区适栽月季品种图鉴　/ 18

　　一、杂交茶香月季　/ 19

　　二、丰花月季　/ 38

　　三、灌木月季　/ 60

　　四、微型月季　/ 89

　　五、藤本月季　/ 96

第三章　月季在苏州地区的栽培养护　/ 103

　　一、月季常见病虫害及防治方法　/ 103

　　二、不同类型月季整形修剪　/ 110

　　三、月季在苏州地区栽培养护月历　/ 111

　　四、月季人工杂交育种　/ 114

第四章　苏州主要月季专类园鉴赏 / 123

　　一、恩钿月季公园 / 124

　　二、盛泽湖月季园 / 130

　　三、金鸡湖欧月园 / 135

　　四、张桥月季公园 / 137

　　五、海虞月季园 / 139

第五章　苏州城市道路景观月季应用 / 142

　　一、人民桥树状月季 / 142

　　二、高架桥箱式栽培月季 / 145

第六章　苏州主要月季生产与研发单位简介 / 147

　　一、苏州市华冠园创园艺科技有限公司 / 147

　　二、苏州华绚园艺有限公司 / 148

　　三、江苏亚千生态环境工程有限公司 / 149

　　四、常熟菁农园艺科技有限公司 / 149

　　五、苏州农业职业技术学院 / 150

参考文献 / 152

第一章　月季的前世今生

🌿 一、月季的起源与发展

月季（*Rosa hybrida*）是世界著名花卉，作为世界五大切花之一，广泛分布于世界各地，象征着吉祥、美好、幸福、爱情，素有"花中皇后"的美誉。月季作为中国十大传统名花之一，其历史可追溯到2 000多年前的汉武帝时期，而到了1 000多年前的唐宋时期，育种师就选育出了与现代月季相差无几、四季开花的中国月季品种。南宋文学家杨万里以"只道花无十日红，此花无日不春风"的优美诗句赞誉月季。18世纪左右，中国月季传入欧洲，后与欧洲长春月季反复杂交，选育出了现代月季。20世纪，现代月季成为我国重要花卉之一。但是，现代月季经过发展，已和中国原有月季不同，它是中国原有月季（古老月季）和野生蔷薇、欧洲本地蔷薇"血统"融合的产物，既是对中国月季的继承，也是对中国月季的发展。

月季的育种始于中国，早在960年就有把月季杂交的先例。18世纪末至19世纪初，月季杂交育种开始蓬勃发展。在中国的"月月红"（1791年）、"月月粉"（1789年）2个月季品种和"彩晕"（1809年）、"淡黄"（1824年）2个香水月季品种陆续输入欧洲之后，全球月季育种事业逐渐兴盛。世界上的近代玫瑰都传承着中国月季的基因。这其中的缘由就要追溯到300多年前，欧洲地区有一种Rose花色丰艳、花型大、芬芳诱人，可是它只在春夏之交开一次花，花瓣层次单调，种类又少。因此，欧洲不少科学家希望通过杂交改变Rose一年只开一次花的习性。然而，他们努力了100多年，始终没有突破，直到他们看到了中国的月季。乾隆十六年（1751年），一名欧洲植物学家被广州一座私人花园里盛开的月季所惊艳。到了嘉庆十一年（1806年），同样是在广州的郊外花圃中，另一名欧洲植物学家发现了4种中国原产月季：斯氏中国朱红、柏式中国粉、中国黄色茶香月季和中国绯红茶香月季。他们带着中国月季乘船，走海上丝绸之路，转往欧洲。70年后，Rose终于实现四季开花。从此，在欧洲被称为"玫瑰"、在中国被称为"月季"的这种花，就成了我们现在看到的现代月季。

然而，由于近代中国的闭关锁国、国力羸弱，古老的中国月季花在近代史中发展逐渐式微。中华人民共和国成立以后，我国月季育种工作迎来春风。20世纪50—70年代，我国自育品种"黑旋风""上海之春""浦江朝霞"相继问世，上海、北京、杭州等地新品种选育工作一并展开，使得中国的月季育种经过了100多年历史的空白后，终于复苏。目前全国有89个城市将月季作为市花，月季的推广应用得到普及。据统计，1957—2016年的60年间，我国自育新品种达455个。

二、月季文化

我国最早有关月季栽培的历史记载是北宋宋祁的《益部方物略记》。南宋时期，司马温的《月季新谱》也记载了月季的栽植。到了明代有关月季的栽培记载见于李时珍的《本草纲目》(1578年)、陈继儒的《月季新谱》(1757年)、王象晋的《群芳谱》(1621年)及高濂的《草花谱》(年代不详)等。清朝月季相关专著数量更为丰富，如：刘传绰的《月季群芳谱》(1862—1875年)；许光照的《月季花谱》《月季续谱》(1862—1874年)；陈葆善的《月季花谱》(1902年)及评花馆主负责撰写的《月季花谱》(1862—1874年)等都是记述月季栽培管理及品种的专著。现代有关月季的专著很多，具代表性的有：1959年，卢淮甫、屠省宽编著的《月季花》；20世纪80年代，杨百荔、陈棣、朱秀珍等人编著的《月季花》，卢淮甫、屠省宽、戴才德编著的《月季培育》；20世纪90年代，余树勋编著的《月季》，介绍了月季的产地分布、品种、生长习性、繁殖技术、栽培方法、育种技术等。舒迎澜在《月季的起源与栽培史》(1989年)一文中，提出了月季起源于古代蔷薇的见解。2003年，英国出版了《月季科学大典》一书，堪称世界上内容最为翔实的月季知识全书。作为我国唯一参与此书编撰的专家，王国良在"月季栽培史"一节中叙述了中国月季的起源与发展，他也是唯一获得"世界玫瑰大师"称号的中国人，2015年，他在科学出版社出版了《中国古老月季》一书，该书阐述了中国古老月季的界定、分类、起源、演化、谱牒、文化、鉴赏、流散、利用与别考等，初步鉴定了宋代以来传承有序的各类珍稀古老月季近200种(品种)，确立了中国古老月季作为"世界现代月季之祖"不可撼动的国际地位。

2012年，中国花卉协会月季分会正式发布了《中国月季发展白皮书2012》，该书详细介绍了中国月季栽培简史、月季文化概述、中国月季种质资源、中国月季对世界的贡献、中国月季品种培育、月季城市与国花、月季花事等。月季文化早已根植于中国人的民族记忆之中，我国古代文人的诗词中就有很多相关记载。此外，月季文化在绘画、医药、民俗、宗教、纺织、工艺品等领域都有所体现。在诗词方面，唐代大诗人李白的《赞月季》中就可找到关于月季的诗句。2010年，彭春生等编著的《月季诗词三百首》摘录了众多与月季相关的现代诗词。2012年，汪放、张炎中辑注的《月季诗词荟萃》记录了100首与月季相关的古典诗词，堪称目前为止月季古代诗词收集最全面的书籍。在工艺品领域，从古至今，有关月季的陶瓷作品可谓数不胜数，但是历史遗留下来的较少。在绘画领域，关于月季的画作自古就有，据王国良考证，早在北宋时期，中国写实花鸟画大家赵昌、崔白、马远等人均留下了古代大花重瓣月季的真容。到了近现代有关月季绘画的作品与书籍可谓浩如烟海。纵观月季的发展，可以说是一个从实用到审美的过程，早在我国古代，月季就被人们当作食物和药品来使用，而现在月季文化被融入文学、艺术及社会生活中的各个方面。在应用过程中，月季被古代文人赋予了精神内涵，形成了特有的月季文化。古代中国月季特有的象征意义和现代月季的美好寓意，使月季成了各国人民所热爱的大众花卉。

不向东山久，蔷薇几度花。
白云还自散，明月落谁家。

——唐·李白《忆东山二首（其一）》

唐诗宋词里的蔷薇花[1]

[1] 影像扬州. 唐诗宋词里的蔷薇花，情感穿越千年 [EB/OL].(2022-04-28)[2023-02-19]. https://baijiahao.baidu.com/s?id=1731336739116561268.

三、月季、蔷薇和玫瑰的关系

月季是蔷薇科蔷薇属的植物。蔷薇属的植物世界上约有 200 种，中国产的有 82 种。其中包括月季、蔷薇（*Rosa multiflora*）、玫瑰（*Rosa rugose*）等不同种类。在欧洲统称为 Rose 或 Rosa。国内译为玫瑰或月季。现今普遍栽培的月季是多种蔷薇属植物经多次杂交而成的杂种，被称为现代月季。

在开花性和形态上，月季与蔷薇、玫瑰的区别主要包括：①月季四季开花，蔷薇、玫瑰一年开一次花；②月季的小叶一般为 5 枚，蔷薇常为 7 枚，玫瑰常为 9 枚；③月季、蔷薇茎刺较大并且着生稀疏，玫瑰茎刺细小且密集；④月季、蔷薇叶片平整，玫瑰叶皱、叶脉凹。

月季

第一章
月季的前世今生

玫瑰　　　　　　　　　薔薇

玫瑰　　　　　　　　　薔薇

在科学和文化层面上，蔷薇、玫瑰、月季均属于蔷薇科蔷薇属。蔷薇属拥有200多个野生种，全部分布于北半球，中国拥有近一半的野生资源，是名副其实的蔷薇属分布中心。丰富的蔷薇属资源是人们对蔷薇属植物使用和认知的物质基础。而玫瑰实际上是蔷薇属200多个野生种之一。月季，是指原产于中国的重复开花的一种植物，如"月月红""月月粉"等，其野生亲缘种是一季开花的单瓣月季。自唐朝至清朝，流传下来的诗词、画作和文章，都对蔷薇、玫瑰、月季做了明显的区分，中国人在此阶段对蔷薇属植物的认识还是较为准确的。

与具有丰富蔷薇属资源的中国不同，18世纪在中国蔷薇属资源传入之前，欧洲的蔷薇属资源相对有限，主要有法国蔷薇（*R. gallica*）、麝香蔷薇（*R. moschata*）、狗蔷薇（*R. canina*）、百叶蔷薇（*R. centifolia*）和来自中东的突厥蔷薇（*R. damascena*）[①]及互相杂交后产生的一些品种群。和中国将月季用作食用原材料不同，欧洲人主要利用百叶蔷薇、法国蔷薇、突厥蔷薇的一些品种以提取精油或作药用，相关的绘画作品主要产生于文艺复兴之后。

欧洲育种者利用从中国引种的资源，经过近80年的培育，于1867年在法国培育出了第一个现代月季品种，至今全球已有月季品种3万多，堪称国际杂交育种领域的奇观。可见，在19世纪以前，受限于种质资源的匮乏，西方对于蔷薇属的认识落后于同时期的中国，且这种情况也反映在语言上。在英语中，月季、玫瑰、蔷薇统称为Rose。中国在民国时期（20世纪上半叶）西学东渐，文人着手翻译西方著作，对Rose一词，普遍翻译为"玫瑰"，亦有译为"蔷薇"的，但几乎没有译为"月季"的，也许翻译者认为"月季"这个词比较中国化。

---

① 突厥蔷薇，又称大马士革玫瑰，它提取出的精油最为著名。

近200年是中西方快速融合发展的时期,也是现代月季诞生和发展的时期。现代月季,作为蔷薇属观赏性状集大成者,遍布于我们的生活中,如用于庭院栽植、鲜切花、园林绿化等,成了世界上经济价值最高、最受人们喜爱的花卉之一。时代的发展赋予了月季更多的文化内涵,如月季已与和平鸽、橄榄枝共同成为世界上公认的和平的象征。

"和平"月季(法国育种家弗朗西斯·玫昂培育)[①]

① 首都园林绿化. 玫瑰:我是谁,你是谁?[EB/OL].(2022-02-14) [2023-05-10]. https://mp.weixin.qq.com/s/C755hNAHxLQLW1IC7PDqSA.

"和平"月季是在第二次世界大战时期，由法国育种家弗朗西斯·玫昂（Francis Meilland）培育，并于1945年4月29日被美国月季协会命名为"和平"，恰巧当天为联军攻克柏林、纳粹灭亡的日子，更为巧合的是，其获得全美月季优选奖的当天，日本帝国主义宣布无条件投降。联合国成立后第一次会议，每位代表都收到了附言"我们希望'和平'月季能影响人们的思想，给全世界以持久和平"的"和平"月季。

蔷薇、玫瑰、月季的概念也随着时代的发展而丰富。蔷薇主要指蔷薇属的野生种，绿化中的粉团蔷薇、黄刺玫、报春刺玫、木香等都是蔷薇。蔷薇有200多个种，花型从单瓣到重瓣，株型从高大藤本到低矮匍散型灌木，花色有红色、粉色、黄色、白色等多种颜色。正是丰富的蔷薇资源成就了之后月季育种的奇迹。

玫瑰主要是玫瑰野生种（国家二级保护植物）及其杂交后代，玫瑰颜色仅紫红色和白色两种，叶脉凹陷，叶有皱纹，栽培玫瑰品种主要用作食品和化妆品开发，鲜用于观赏。蔷薇属能吃能用的不仅有玫瑰，蔷薇属的所有花卉在有机栽培的情况下均可食用，但仅有个别品种大规模生产用以食用、提炼精油。用作鲜花饼、鲜花酱、精油、花茶、酿酒、化妆品原材料的有玫瑰中的平阴玫瑰、苦水玫瑰等，蔷薇中的百叶蔷薇、突厥蔷薇等，月季中的"朱墨双辉""滇红"等。

月季的概念则更为丰富，它不再局限于中国原产的月季野生种（"月季花""香水月季"）和古人培育的品种。欧洲育种家在中国资源传入欧洲后，利用中国和欧洲的月季资源杂交培育，获得了大量的品种。世界月季联合会规定以1867年（第一个现代月季出现）为界限，1867年以前培育的品种称为"古老月季"，之后培育的称为"现代月季"。我们生活中见到的花店售卖的"玫瑰"都是现代月季，月季株型、花色、香气多样，应用广泛，在生活中极为常见。在我国的南方地区如广东、香港、台湾，大家习惯于用"玫瑰"一词来指代月季。特别是作为商品的切花月季，在市场上也被称为"玫瑰"。虽然科学家们一直试图纠正，但是仍挡不住普通公众使用玫瑰一词的热情。

因此，科学意义上的玫瑰是一个物种，学名为 *Rosa rugosa* Thub.，而文化层面、语言层面、民间习惯上则把切花月季甚至庭院月季称为"玫瑰"，虽然不科学，但也是既成的事实。考虑到月季的文化地位和实际价值，世界月季联合会、中国花卉协会月季分会、林业和草原月季产业国家创新联盟中的月季都是泛指蔷薇属所有植物。

四、月季的应用价值

（一）观赏价值

月季雅俗共赏、家喻户晓，现代月季如宝石般亮丽，鲜艳的色彩、良好的适应性，使得它们能够表现古典主义、田园风格及浪漫的自由主义等多种种植基调，几乎可以用于花园中的任何地点，在应用范围上体现出广泛性，居民阳台、小院，甚至高速公路、郊野路旁，都有其芳踪。

月季的应用形式主要有两种。

1. 布置花坛

月季多被设计成规则式花坛、自然式种植，同时，月季花色丰富，耐寒性强，花朵典雅且直立性强，特别适合表现花坛的园林风格。

月季花坛（一）[1]

侧面花坛：以种植优质的丰花月季为主。主要用于分隔草坪、道路、车道及步行道。颜色搭配以协调而不杂乱为好，花坛中央稀植造型良好的树状月季，底下栽种株型紧凑而低矮的丰花月季。

岛状花坛：通常布置为几何图形，以杂种茶香月季和丰花月季为主。住宅区附近常栽杂种茶香月季，而草坪则常选用丰花月季。坛内月季要按精确的行距和株距来栽植，最好不要混栽。

镶边花坛：此类花坛常给作为背景的围墙或建筑物镶边。高大的

---

[1] 丁兰君.一！路！生！花！[EB/OL].(2023-04-23)[2023-05-10]. https://www.163.com/dy/article/I31IF5JT05346743.html.

月季花坛（二）

藤本月季栽在后排，矮生月季栽在外缘，丰花月季的装饰效果最好。较小的花坛常选用柱状月季和中等大小的月季灌木。

混栽花坛：其他灌木与月季混合布置花坛。如连翘、八仙花或丁香等与月季混栽可以收到意想不到的良好效果。草本花卉与月季混合布置花坛在以前应用较少，现在逐渐受到青睐，以丰花月季和多年生草本搭配为宜。

布置岩石：主要为微型月季，用于布置春天色彩丰富而夏天色彩单调的花园。

2. 建设专类园

专类园被西方誉为"戒指上的宝石"。现代月季类型多、品种数以万计，既可以与其他花木配置成以月季为主题的月季园；也可以只用各类型的月季，搭配出具有月季特色的专类园；还可以在月季园内广泛收集古老月季和多种蔷薇属植物而形成内容更为丰富的蔷薇园；或者在大型公园内设置月季园，成为园中园；还可以在各旅游景区、绿化带、广场等地，通过花带、花镜、花柱、花廊、花篱等艺术形式，将月季布置成各种园景，供游人观赏。无论以何种方式建立，月季园都会成为耀眼的明珠。各地的月季专园，不仅可以用于观赏旅游，令人心旷神怡，陶冶情操，而且还兼具月季种质资源收集保存及利用的功能，成为种质创新与研发基地。

目前我国已有百余个月季园，其中著名的有：北京植物园月季园、莱州中华月季园、常州紫荆公园月季园、淮安月季园、深圳人民公园月季园、三亚亚龙湾国际玫瑰谷等。深圳人民公园还被世界月季联合会评为世界月季名园。在西方，有"无玫瑰不成花园"之说。国外著名的月季园有美国白宫玫瑰园、美国克里山植物园等。

常州紫荆公园月季园古老月季长廊

苏州农业职业技术学院学生在学校蔷薇属花卉科研基地进行月季杂交育种工作

此外，随着经济水平的不断提高和人们对高质量生活的不断追求，月季在城乡立体绿化，特别是城市高架桥上的应用也越来越多，在杭州、上海、苏州等地已经成为一道亮丽的风景线。

（二）商用价值

在生活中，人们说的玫瑰一般都是指切花月季，它是爱情和美丽的象征。随着生活水平的提高，人们越发讲究高雅时尚，像过特定节日、参加文体活动、走亲访友等场合，摆花、赠花已成时尚，切花月季的消费量在逐年增加。现在作为切花的月季品种也较多，这些月季多花型优美。此外，随着科学技术的进步，月季花也可提取香精油，已经有企业开发出一系列的玫瑰酱、玫瑰精油、香袋、香水等深加工产品。

（三）食用价值

月季花还可以食用，不仅可制成美味佳肴，而且能开发出特色食品。多种矿物质、维生素存在于月季的花蕊与花瓣中，花瓣中的维生素 B_1、B_2 含量颇高，这对脚气病具有一定预防效果。花瓣中氨基酸种类齐全，与主食同食，有及时补充必需氨基酸和蛋白质的作用。自古民间就有食用月季的传统，记录在册的食用方法有：月季花饼、月季花羹、月季花粥等。一些企业也开发了玫瑰饼、玫瑰蜜、玫瑰酒等食品和保健花茶等。

（四）药用价值

现在市场上掀起保健热潮，月季花茶价格实惠，尤其受女性朋友的青睐。月季花朵中含有丰富的挥发油、色素、鞣质、没食子酸、槲皮素等，能够活血调经、散毒消肿。将叶片捣烂涂于患处，对跌打损伤有很好的疗效；月季的根性温、味略有涩感，对带下、遗精等方面的病症有很好的疗效。明代李时珍在《本草纲目》中也有月季"处处人家多栽插之……气味甘，温，无毒。主治活血、消肿、傅（敷）毒"这样的记载。

第二章 苏州地区适栽月季品种图鉴

　　1867年问世的第一个杂交茶香月季品种"法兰西"（La France）拉开了现代月季的序幕，现代月季多为不同种之间杂交产生的园艺品种，类群极其庞大，据不完全统计，目前月季已有3万多个品种。为了便于生产和应用，本书将现代月季分为杂交茶香月季、丰花月季、微型月季、藤本月季和灌木月季。杂交茶香月季由欧洲杂交长春月季和中国茶香月季反复杂交而成，花大、单头开花。丰花月季由野蔷薇发展而来的小姐妹月季和杂交茶香月季杂交而得，花型中等、成簇开放。微型月季由中国小月季和欧洲品种杂交而来，植株低矮，成株株高仅30~60厘米。藤本月季包含一年一次开花型和一年多次开花型，亲缘关系较为复杂。有些品种藤蔓细软、无法自立，有些则可藤可灌，可通过牵引做藤本月季栽培。不属于以上类型的都归于灌木月季类，与典型的直立株型月季相比，灌木月季植株更高、枝条更舒展。为了方便查找，我们将每一个大类按照颜色做了进一步区分。为此，本书还收集了适合在苏州地区栽培应用的现代月季品种200个。

一、杂交茶香月季

　　杂交茶香月季，又称杂种茶香月季，是现代月季中品类最多的，主要由欧洲长春月季和中国古老月季反复杂交而来，保留了许多古代月季的优良品性。杂交茶香月季植株健壮，花朵大（直径可达8～15厘米），花色艳丽，通常每个花茎上仅着生一个花朵，植物生长高度可达1.8米，并可反复开花，具有芬芳的香气和很强的抗病害能力，管理相对粗放，这些特质使它在全球范围内广受欢迎。其花茎长且一茎一花的特性也使它成为现代插花的首选，适合种植在阳台、庭院或公园等地方，可以增添家居及城市景观绿化效果。杂交茶香月季的代表品种有"彩云""黄和平""加里娃达""丹顶"等。

◇ 白色

白色哈娜（White O'Hara）

法国育种者乔治斯·戴尔巴德（Georges Delbard）于2012年培育，花色为奶油白色，花型为莲座状，花朵直径为10厘米，重瓣（70瓣），具有浓郁的薰衣草香味，多季重复开花，花期长。可作切花、地栽、盆栽栽培。

◆ 黄色

金凤凰（Golden Scepter）

荷兰育种者杰克·弗斯赫伦（Jac Verschuren）于1947年培育，花色为金黄色，花朵直径为12厘米，重瓣花（35瓣），高心状花型，多季重复开花，香气弱，叶色深绿有光泽，植株直立挺拔，分枝性好，抗病性强，可在庭院种植，也可作切花、盆栽观赏。

圣女贞德（Jeanne d'Arc）

荷兰育种者简司拜克月季公司（Jan Spek Rozen）于2006年推出，花色为明亮的黄色，花朵直径为9~10厘米，重瓣（41瓣），传统花型，具有浓郁的没药、麝香和柑橘混合香气，株型直立矮小（60厘米），抗病性好，可作阳台盆栽、庭院片植、切花观赏。

索利多（Solidor）

法国育种者阿兰·玫昂（Alain Meilland）于1986年培育，花色

为黄色，花型为高心型，花朵直径为12~13厘米，半重瓣（17~25瓣），香气淡，株型高度中等（80~120厘米），叶色深而有光泽，抗病性较好且耐雨淋，可作盆栽、地栽观赏。

希灵顿夫人（Lady Hillingdon）

英国育种者洛和肖耶（Lowe & Shawyer）于1910年培育，花色为杏黄色，随开放逐渐变为奶油色，花朵直径为8~12厘米，重瓣，具有浓郁的茶香，株型高大挺拔（180厘米，温暖地区可长至6米），多季重复开花，耐热性强，可作盆栽、地栽或藤本观赏。

伊琳娜（Elina）

英国育种者科林·迪克森（Colin Dickson）于1983年培育，花色为浅浅的黄色，花朵较大（12~14厘米），重瓣（25~35瓣），花型为高心状，香气浓，株型高度中等（90~130厘米），茎秆直立，抗病性好，可作切花、盆栽观赏。

苏子缃（Su Zixiang）

中国育种者黄长兵于2021年培育，花色为淡黄色，由内往外变浅，花型呈凸心状，俯视为不规则圆形，花瓣为宽椭圆形，重瓣，有着中等浓度的玫瑰香气，叶片中绿，边缘锯齿粗细中等，花梗直立挺拔，抗病性中等，适合作盆栽或地栽观赏。

◆ **粉色**

翠鸟（Eisvogel）

德国育种者罗森·坦图（Rosen Tantau）于2016年培育，花色为粉红色，有淡紫色阴影，花瓣边缘呈波浪状，花朵直径为10~12厘米，重瓣（50瓣），花型为球状，香气浓郁，为老玫瑰和茶叶混合香型，多季重复开花，抗病性一般，可作公园、庭院地栽及切花观赏。

阿尔推斯（Altesse 75）

法国育种者玛丽-路易斯·玫昂（Marie-Louise Meilland）于1975年培育，花色为红粉复色，

初期粉红,随开放颜色不断加深,花朵大(直径为13~15厘米),初开花型为高心卷边,盛开时呈杯状,重瓣(45~50瓣),叶色深绿,尖端小叶为长椭圆形,叶边缘锯齿细,植株呈半直立状态,分枝多,枝刺较大同时着生小密刺,有中等浓度的香味,长势强,抗病性强,适合盆栽。

粉扇(Fenshan)

中国南阳育种人赵磊于2002年培育,绯扇的芽变品种。花色为淡粉色,花朵大(花朵直径大于15厘米),花型为高心卷边,香味浓郁,叶色中绿而有光泽,植株直立挺拔,分枝性好,适合在庭院、花坛栽培观赏。

弗朗西斯·梅昂(Francis Meilland)

法国育种者雅克·穆舒特(Jacques Mouchotte)于1996年培育,花色为浅粉色,花朵直径为10~12厘米,重瓣(40~80瓣),花型为高心杯状,花朵单生,叶色深绿而有光泽,多季重复开花,香味浓郁(柑橘混合老玫瑰香型),抗病性好,耐雨淋,可作花园、花境、花坛种植。

和娇（Hejiao）

中国育种者姜正之于2022年培育，花色为粉色，花朵直径为10~13厘米，重瓣，多季重复开花，植株直立性好，有浓郁的水果和没药混合的香气，植株高度在90厘米以下，抗黑斑病、白粉病能力中等。可在庭院、阳台种植观赏。

京（Miyako）

日本育种者国枝启司（Keiji Kunieda）于2007年培育，花色为深粉色，花朵直径为6~7厘米，初开花型为深杯状，盛开后变成莲座状，重瓣（65瓣），香味淡，花量大，多头成簇开放，抗病性强，株型紧凑矮小，可作盆栽或切花观赏。

摩纳哥夏琳王妃（Princesse Charlène de Monaco）

法国育种者阿兰·玫昂于2010年培育，花色为浅粉红色至桃红色，花瓣边缘呈波浪形，

花型为杯状，花朵大（直径为12厘米），重瓣（66~71瓣），多季重复开花，单头开放，植株高度中等（100厘米），分枝性好，抗病性较强，耐雨淋，可作地栽、盆栽观赏。

索菲·罗莎（Sophie Rochas）

法国育种者乔治斯·戴尔巴德于2017年培育，花色为柔和的粉色，花瓣边缘呈波浪状，花朵直径为9~10厘米，重瓣，具有柑橘和玫瑰的混合香味，株型直立高大（180厘米），枝刺少，抗病性较好，可作地栽观赏。

◆ **红色**

绯扇（Hi-Ohgi）

日本育种者铃木省三（Seizō Suzuki）于1981年培育，花色为朱红色，花瓣外缘呈橘黄色，花型为高杯状，花朵大（直径为16~18厘米），重瓣（40瓣），香味淡，花期长，单朵花期为8~10天，多季重复开花，植株直立挺拔，分枝性、抗病性好，可作园林绿化及树月季观赏。

梅朗口红（Rouge Meilland）

法国育种者玛丽－路易斯·玫昂于1982年培育，花色为深红色，花型为深杯状，花朵直径为12~14厘米，重瓣（30瓣），具有温和的茶香，多季重复开花，植株中等高度（120厘米），抗病性较强，可作道路绿化栽培观赏。

学院（Accademia）

意大利育种者恩里科·巴尼（Enrico Barni）于2006年培育，花色为深红色，花朵直径为8~10厘米，重瓣（17~25瓣），花型呈杯状，具有浓郁的老玫瑰和水果混合香气，株型高度中等（90~120厘米），茎秆直立粗壮，抗病性好，可作盆栽、地栽观赏。

亚历克红（Alec's Red）

苏格兰育种者亚历山大·科克尔（Alexander Cocker）于1970年培育，花色为深红色，花朵大（15厘米），重瓣（36~45瓣），花型为高心杯状，香气浓，株

型高度中等（80~120厘米），茎秆直立粗壮，叶片肥大深绿，耐晒，可作盆栽、地栽观赏。

朱墨双辉（Crimson Glory）

德国育种者威廉·J.H.科德斯二世（Wilhelm J.H. Kordes Ⅱ）于1935年培育，花色为深红色，花朵硕大（15厘米），花型为杯状，重瓣花（22~30瓣），具有强烈的丁香、锦缎、玫瑰混合香气，株型高度中等（80~150厘米），茎秆细易垂头，枝刺多，可作盆栽、地栽观赏。

朱王（Shu-oh）

日本育种者铃木省三于1982年培育，花色为鲜艳的朱红色，花朵直径为8~12厘米，重瓣，花型呈杯状，香气浓，株型高度中等（120厘米），茎秆直立性好，对白粉病、黑斑病抗性中等，可作盆栽观赏。

◆ 橙色

橘洲（Juzhou）

中国育种者姜正之于2021年培育，花色为亮橙色，花朵直径为8~10厘米，重瓣（65瓣），香味淡，多季重复开花，抗病性中等，耐热性好，植株高度中等（80~120厘米），可作盆栽、地栽观赏。

◆ 复古色

卡布奇诺（Cappuccino）

德国育种者汉斯·于尔根·埃弗斯（Hans Jürgen Evers）于2005年培育，花色为复古咖啡色，开放后期花瓣边缘颜色加深，花朵直径为8~9厘米，重瓣（60~65瓣），有中等浓度的水果和辛辣混合香味，多季重复开花，植株高度中等（70~100厘米），易感黑斑病，耐热性一般，可作切花、盆栽观赏。

曼塔（Menta）

荷兰英特普兰特公司（Interplant）于2008年推出，花色为复古的咖啡色，花型为杯状，花朵大（直径为11~13厘米），重瓣（45~55瓣），香气浓郁，多季重复开花，植株中等高度（130厘米），叶片深绿而有光泽，抗病性强，瓶插时间可达两周，主要作切花，也可作盆栽或庭院地栽观赏。

拿铁咖啡（coffe latte）

荷兰育种者德·鲁伊特（De Ruiter）于2005年培育，花色为复古的咖啡色，随开放变粉，花型为杯状，花朵大（直径为10厘米），半重瓣（15~25瓣），多季重复开花，温和的没药香气，植株中等高度（100厘米），植株强健，分枝性好，抗病性较强，可作庭院种植观赏。

◆ 紫色

莎菲（Saphiret）

日本育种者河本纯子（Junko Kawamoto）于 2016 年培育，花色为银灰紫色调，花朵直径为 12 厘米，重瓣，花型为高心型，花期长，无香气，株型直立紧凑（60~90 厘米），枝刺少，抗病性好，可作阳台盆栽及庭院种植。

蓝色风暴（Shinoburedo）

日本京成玫瑰园（Keisei Rose Nursery）于 2006 年推出，花色为淡紫色，温度高时偏粉色，温度低时偏薰衣草紫色，花朵直径为 8~9 厘米，重瓣（25~30 瓣），花型为圆润的杯状，具有柔和的茶香，开花整齐，复花性好，植株半直立，中等高度（120 厘米），抗病性较好，盆栽、地栽均可。

◆ 复色

彩云（Saiun）

日本育种者铃木省三于 1980 年培育，花色为复色，花瓣正面为深粉色且随开放逐渐加深，背面为

金黄色，花朵大（直径为12~15厘米），重瓣（45瓣），叶片厚且光泽度高，植株半直立，分枝性好，茎秆粗壮，抗病性强，耐修剪，可作小区庭院及公园绿化观赏。

朝云（Asagumo）

日本育种者铃木省三于1973年培育，花色为黄粉复色，瓣面中间为黄色，边缘为粉红色，粉色随开放加深，花朵大（直径为12厘米），具有浓郁的茶香，多季重复开花，花期长，抗病性较好，高温季节花朵直径变小，可作小区庭院及公园绿化观赏。

初妆（Chuzhuang）

中国育种者姜正之于2019年培育，花色为复色，瓣面中间为奶油白，边缘为胭脂红，随开放颜色加深，波浪形花边，重瓣，花型为四心莲座状和高心圆瓣的结合，有淡淡的茶香，植株直立挺拔，枝条生长整齐，多季重复开花，可作盆栽、地栽及切花观赏。

丹顶（Tancho）

日本育种者铃木省三于1986年培育，花色为红白复色，外轮花瓣边缘为珊瑚红色，内轮花瓣为乳白色，随开放珊瑚红色不断加深，重瓣（26~40瓣），多季重复开花，单朵花期长（9~12天），香气淡，抗病性强，耐寒、耐晒，可作庭院、公园花坛栽培。

梅朗随想曲（Caprice de Meilland）

法国育种者阿兰·玫昂于1984年培育，花色为表里双色，瓣面为鲜红色，背面为黄白色，有放射状红色条纹，花型为高心卷边杯状，花朵直径为13厘米，半重瓣（25瓣），多季重复开花，植株中等高度（120厘米），抗病性较强，耐热性差，可作地栽或盆栽观赏。

拉斯维加斯（Las Vegas）

德国育种者莱默·科德斯（Reimer Kordes）于1979年培育，花色为复色，花瓣正面为橘红色，

背面为金黄色，花朵大（直径为13厘米），花型为高心卷边杯状，重瓣（26~40瓣），多季重复开花，单朵花期达8天，有着温和的茶香，枝条直立性好，枝刺较多，可作花坛、花境、切花使用。

红双喜（Double Delight）

美国育种者埃利斯夫妇和赫伯特C.斯威姆（A.E. & A.W. Ellis, Herbert C. Swim）于1976年培育，最经典的月季品种之一。花色为复色，瓣面外轮为桃红色，内轮为乳白色，随开放桃红色面积逐渐变大，花朵大（直径为14厘米），重瓣，多季重复开花，香气浓郁，抗寒性较好，易感黑斑病。适合庭院、花坛种植。

加里娃达（Gallivarda）

德国育种者莱默·科德斯于1977年培育，花色为橙黄复色，花朵大（直径为12~15厘米），重瓣（30~40瓣），花型为高心卷边杯状，香味淡，植株较低矮（90厘米），抗病能力强，可作花坛及庭院栽培观赏。

金背大红（Condesa de Sástago）

西班牙育种者佩德罗·多特（Pedro Dot）于 1930 年培育，花色为复色，花瓣正面为橘红色，背面为金黄色，花朵直径为 12 厘米，重瓣（50~55 瓣），花型为杯状，有浓郁的紫罗兰香气，植株高度中等（120~200 厘米），可作花坛及切花观赏。

黄和平（Peace）

法国育种者弗朗西斯·玫昂于 1935 年培育，初开花色为柠檬黄色，随开放颜色变深，瓣面边缘有红晕，花朵直径为 8 厘米，花型为高心杯状，高度重瓣（40~45 瓣），多季重复开花，香气浓郁，植株直立挺拔，耐热耐寒且抗病性好，可在庭院种植及作花坛栽培。

焦糖古董（Caramel Antike Freelander）

德国育种者蒂姆·赫尔曼·科德斯（Tim Hermann Kordes）于 1997 年培育，花色为杏黄复色，

瓣面有淡淡的粉色红晕，花色会随气温变化，温度高时偏黄，温度低时偏焦糖色，重瓣（100~120 瓣），香气淡，植株高度中等（100 厘米），枝条粗壮直立，分枝性强，耐雨淋，瓶插时间长，适合作切花、公园绿化栽培。

科塔别墅（La villa Cotta）

德国育种者蒂姆·赫尔曼·科德斯于 2002 年培育，花色为黄粉复色，花朵直径为 10 厘米，重瓣（41 瓣），香味柔和，多季重复开花，植株直立，中等高度，叶色中绿且有光泽。耐热性好，可作地栽观赏。

吉祥（Mascotte'77）

法国育种者弗朗西斯科·贾科莫·保利诺（Francesco Giacomo Paolino）于 1976 年培育，花色为复色，瓣面边缘呈红色，中心部分呈淡黄色，花型为高心卷边型，花朵直径为 10~12 厘米，香味淡或无香，植株健壮，中等高度（120 厘米），抗白粉病、抗寒性差，可作花坛、花境、盆栽观赏。

西班牙舞娘（Spanish Dancer）

法国玫昂国际月季公司（Meilland International）于2002年推出，花色为红白复色，瓣面中心为白色，边缘为明亮的粉红色，花瓣边缘有褶边，花朵直径为7~8厘米，香味淡，植株高度中等（80~120厘米），茎秆直立性好，适合在庭院栽培观赏。

六翼天使（Seraphim）

日本育种者河本纯子于2012年培育，花色为白色带有淡淡的粉色，花型为包子状，花瓣尖，边缘呈波浪形，花朵直径为6厘米，半重瓣（17~25瓣），香气（水果香型）浓度中等，多季重复开花，植株中等高度（120厘米），长势旺盛，抗病性中等，可作盆栽或庭院地栽观赏。

摩纳哥公主（Princesse de Monaco）

法国育种者阿兰·玫昂于2010年培育，花色为粉白复色，

花瓣边缘呈波浪形，花朵大（直径为11~15厘米），重瓣（35~40瓣），多季重复开花，多头成簇开放，花量大，植株中等高度（130厘米），抗病性强，可作公园花海、工程绿化、切花观赏。

我的美人（My Beauty）

日本京成玫瑰园于2014年推出，花色为粉白复色，内轮花瓣为薰衣草粉红色，边缘为白色，花色易变化，花朵直径为6~8厘米，重瓣，具有中等浓度的大马士革玫瑰与水果混合香味，株型高度中等（100厘米），多分枝，每个枝条1朵花，易感白粉病，可作盆栽、地栽观赏。

凝脂（Ningzhi）

中国育种者姜正之于2023年培育，花色为粉白复色，瓣面中间为粉色，边缘为粉白色，花朵直径为8~10厘米，重瓣，花瓣呈倒椭圆形且有尖，有着中等浓度的香气（柠檬香型），株型高度中等（90~120厘米），抗病性中等，可作阳台盆栽及在庭院种植。

二、丰花月季

丰花月季，又称聚花月季，是一种非常美丽的月季品种。它的花蕾繁多，花朵大且饱满，通常聚成花簇，非常引人注目。其耐寒性强，长梗，植株分枝力强，抗旱耐热，观赏期长。丰花品种单生或几朵集生，呈伞房状，花朵直径约5厘米。不同品种的丰花月季具有不同的花型和花色，如红色系、黄色系、粉色系、白色系、复色系、橙色系等，给人们带来了丰富多彩的视觉享受，可以用于制作花束、花篮、花环等花卉制品，也适用于园林造景和家居装饰。代表品种有"冰山""橙色泡沫""莫海姆"等。

◇ **白色**

冰山（Iceberg）

德国育种者莱默·科德斯于1958年培育，花色初开泛黄，盛开后为纯白色，重瓣（17~25瓣），花朵直径为7~8厘米，多季重复开花，多头开花，花期长，具有淡淡的香气，叶片中绿且有光泽，抗病性和耐寒性强，群开效果好，综合表现优异，可用作园林绿化，在花坛栽植及庭院观赏。

波莱罗（Bolero）

法国育种者雅克·穆舒特于2004年培育，花色为纯洁的白色，重瓣（41瓣），花朵直径为12厘米，多季重复开花，多头成簇开放，

香气浓郁，株型直立，植株高度中等（90~120厘米），群开效果好，可作片植或在庭院种植观赏。

伊芙斯·白雪公主（Yves Blanche Neige）

荷兰育种者莱克丝·福伦（Lex Voorn）于2011年培育，花色为纯白色或偏粉，花朵直径大（15厘米），重瓣，花型为杯状，花瓣边缘有褶皱，具有浓郁的大马士革玫瑰、荔枝混合香气，多季重复开花，植株高度中等（90厘米），枝条细软，可作盆栽、地栽观赏。

音调（Shirabe）

日本育种者国枝健一（Kenichi Kunieda）于2014年培育，花色为白色，花朵直径为10厘米，重瓣（41瓣），花型为深杯状，有着浓郁的果香，多季重复开花，植株高度中等（80~120厘米），可作切花，可用容器种植。

乐柏（Le Blanc）

日本育种者河本纯子于2012年培育，花色为白色，初开时花瓣边缘为粉色，呈大波浪状，花朵直径为6~8厘米，半重瓣（17~25瓣），香气浓郁，多季重复开花，植株高度中等（80~110厘米），可作盆栽、地栽观赏。

◆ 黄色

埃菲（Effie）

英国育种者戴维·C.H.奥斯汀（David C.H. Austin）于2018年培育，花色为明亮的黄色或者杏色，中部为黄色，外围为白色，花朵直径为8~10厘米，花型为杯状，重瓣，复花性好，多季重复开花，具有中等浓度的香味（茶香）。植株直立性中等，属于切花品种，可作地栽观赏。

灯笼（Lampion）

德国育种者克里斯蒂安·埃弗斯（Christian Evers）于2006年培育，花色为金黄色，开放初期有粉红色斑点，花朵直径为

6~8厘米，花型呈杯状，重瓣花，多季重复开花，对白粉病及黑斑病的抗性突出，抗寒性优秀，株高低于100厘米，适合在阳台、楼顶及庭院盆栽。

金徽章（Gold Bunny）

法国育种者玛丽-路易斯·玫昂于1977年培育，花色为黄色，花朵直径为8~10厘米，重瓣（26~40瓣），香气淡，多季重复开花，花期长。枝条柔软，可作花篱、花墙。

坎特公主（Princess Michael of Kent）

英国哈克尼斯公司（Harkness & Co.）于1977年推出，花色为金黄色，花朵大（直径为10~12厘米），重瓣（43瓣），花型为高心型，香气浓郁，多季重复开花，叶色中绿，光泽度中等，植株高度中等，抗病性强，适应性好，可作花坛、花境及道路绿化使用。

烟花波浪（Fireworks Ruffle）

荷兰英特普兰特公司于2014年培育，花色为红黄复色，瓣面为黄色，边缘为红色，花瓣形状奇特，有似菊花一般的细长褶边，花朵直径为9厘米，重瓣，花型为莲座状，有着中等浓度的茶香，多季重复开花，植株高度中等（100~120厘米），植株直立性好，抗病性较差，可在容器、花坛中种植。

一夜暴富（Strike It Rich）

美国育种者汤姆·卡鲁斯（Tom Carruth）于2004年培育，花色为金黄色到黄色渐变，边缘为粉红色，花朵直径为10厘米，重瓣（30~37瓣），花型为杯状，有着浓郁的果香和香料香味，多季重复开花，植株高度中等（80~120厘米），抗病性、耐热性强，可作容器、花坛种植。

◆ **粉色**

安尼克城堡（The Alnwick Rose）

英国育种者戴维·C.H.奥斯汀于2001年培育，以英格兰

诺森伯兰郡著名的安尼克城堡命名，花色为柔和的橙粉色，花朵直径为7~8厘米，花型为浅杯状，高度重瓣（120瓣），花香浓郁，带有老玫瑰香味，植株直立挺拔不垂头，对高温和低温均有较好的耐受能力，抗病性强，对不同类型气候均有较好的适应能力，花期长，从春末开至初冬。

奥利维娅（Olivia）

英国戴维·C.H.奥斯汀于2006年培育，花色为粉红色，花朵直径为8~10厘米，花型为四分之一杯状，重瓣（90瓣），多季重复开花，花量大，花期长，具有浓郁果香，枝条柔软，抗黑斑病、白粉病能力强，抗寒性好，不耐水淹，日常养护避免积水，可作庭院种植及切花观赏。

宝藏（Treasure Trai）

美国育种者保罗·巴登（Paul Barden）于2002年培育，花色为深粉红色与橙黄色混合，中心为金黄色，花型初开时呈杯状，盛开时为扁平状，花朵直径为6厘米，重瓣（60~90瓣），多季重复开花，叶色深绿而有光泽,有淡淡的水果香味,枝条密集,花朵自洁性好,抗病性好,抗寒性、抗热性、抗旱性均较强,可作盆栽及花园、灌木地栽。

侧耳倾听(Parle Moi)

法国玫昂国际月季公司于2011年推出,花色为淡淡的杏粉色,花朵直径为8~10厘米,重瓣,有着淡淡的果香味,多季重复开花,花期长,勤花性好,抗病性中等。可作切花、地栽观赏。

天使洛拉(Angel Lora)

荷兰英特普兰特公司于2019年培育,花色为粉红色,花朵直径为6~8厘米,重瓣(60瓣),花瓣半剑型,多头,单朵花期长,香气淡,多季重复开花,植株中等高度(100厘米),抗病性中等,可作阳台、庭院种植观赏。

小魔女甜心(Pch Mignon)

日本精致玫瑰公司(Fine Rose)于2011年推出,花色为橙粉色,花朵较小(直径为5厘米),重瓣,有中等浓度的水果

香气，多季重复开花，植株高度中等（90厘米），枝刺少，耐晒，抗病性较好，植株直立性好，可作容器、花坛种植。

仙境（Carefree Wonder）

法国育种者阿兰·玫昂于1990年培育，花色为鲜艳的粉红色，半重瓣，雌、雄蕊外露，花朵直径为5~8厘米，有着中等浓度的香气，花量巨大，群开效果好，复花性好，植株高度中等（90~150厘米），抗病、耐热、耐冷性均较强，适合用作公园、道路绿化。

莫妮克·戴维（Monique Arve）

法国育种者多米尼克·马萨德（Dominique Massad）于2007年培育，花色为温和的粉色，花型为杯状，重瓣（41瓣以上），花瓣边缘有褶边，先端有美人尖，花朵直径为8~10厘米，具有浓郁香气，植株低矮（60~100厘米），枝条粗壮、分枝性良好，适合盆栽或庭院栽培。

◆ 红色

北京红（Beijing Hong）

中国育种者俞红强于2005年培育，花朵为朱红色，花朵直径为7厘米，重瓣（21瓣），分枝性强，花量大，花期长（单花花期超过11天），枝刺数量中等，香气浓度中等，自洁性好，不结实，抗黑斑病能力强，耐高温、耐湿热，可用作公园景观、城市花坛、庭院景观。

黑巴克（Black Baccara）

法国育种者雅克·穆舒特于2000年培育，花色为暗红色至黑色，瓣面有天鹅绒般的质感，花瓣向外翻卷，花朵直径为8厘米，重瓣（45瓣），花型为高心杯状，没有香气，植株高大挺拔，抗病性强，可作盆栽、地栽或切花观赏。

黑美人（Black Beauty）

德国科德斯公司（W. Kordes' Söhne）于1996年推出，花色为暗红色，瓣面有红色绒光，半重瓣（17~25瓣），花型为高心

杯状，略带香气，多季重复开花，长势较旺盛，抗病性中等，可作公园绿化及切花观赏。

红茶海葵（外文名称不详）

荷兰英特普兰特公司培育，培育年代未知，花色初开时为正红色，盛开后变成紫色，花朵直径为6~8厘米，花型奇特有褶边，香气淡或基本无香气，多季重复开花，植株高度中等（80厘米），耐高温，夏花表现好。

红色达·芬奇（Red Leonardo da Vinci）

法国玫昂国际月季公司于2005年推出，花色为红色，重瓣（90~100瓣），花朵直径为8厘米，香气淡，抗病性好，抗寒性极强，枝条细软，可作小型藤本使用，对光照要求较高，可置于光照充足的阳台观赏。

红珊瑚（Hong Shanhu）

中国育种者俞红强于2010年培育，花色为珊瑚红色，花朵直径为8厘米，重瓣，花型为球状，花量大，花朵成簇开放，多季重复开花，从春季到秋季一直开花，无香味，植株挺拔，叶片光泽度高，抗寒性出色，抗病性较好，可作盆栽或花坛、花境栽培观赏。

火玲珑（Huo Linglong）

中国育种者姜正之于2023年培育，花色为正红色，花型为杯状，花朵直径为8厘米，重瓣，香气淡，多季重复开花，植株低矮（60~90厘米）。多头成簇开放，抗病性中等，可作盆栽栽培。

卡萝拉（Carola）

法国育种者乔治斯·戴尔巴德于1980年培育，花色为正红色，瓣面有绒光，花朵直径为10~13厘米，重瓣（40~45瓣），花型呈杯状，香气淡，多季重复开花，单朵花期长（8~10天）。枝条直立性、抗病性强，可作地栽栽培，同时也是经典的切花品种。

樱桃伯尼卡（Cherry Bonica）

法国育种者阿兰·玖昂于2012年育种，花色为暗红色，花朵直

径为 7 厘米，半重瓣，花型为球状，无香气，多季重复开花，植株低矮紧凑（50 厘米），抗病性、抗寒性好，夏花表现优越，自洁性强，可作公园、庭院地栽观赏。

深圳红（Scarlet Bonica）

法国玫昂国际月季公司于 2019 年推出，花色为鲜艳的砖红色，花朵直径为 5~6 厘米，重瓣，植株高度为 90 厘米，枝刺较多，香气淡，花期长且花色从初绽到末期均不褪色，夏季高温不休眠，仍正常开放，抗病性极强，生长势强，适合在道路、公园栽培观赏。

天方夜谭（Sheherazad）

日本育种者木村卓功（Takunori Kimura）于 2013 年培育，花色为深桃红色，花朵直径为 6~8 厘米，重瓣花（26~40 瓣），花瓣边缘呈波浪状，具有强烈的柠檬香气，多季重复开花，植株高度中等（80~120 厘米），花期长，株型饱满，叶片光泽度高，可在阳台、庭院种植观赏。

布里奥萨（Briosa）

意大利育种者维托里奥·巴尼（Vittorio Barni）于1990年培育，花色为橙色与粉色的混色，花朵直径为8厘米，花型呈球状不易散开，重瓣（17~25瓣），多季重复开花，花期长，香气淡，分枝性好，抗病性强，对一般性病害具有抵御能力，耐寒、耐晒，适应多种环境，可作盆栽、庭院及公园地栽观赏。

迪士尼乐园（Disneyland）

美国育种者基思·W.扎里（Keith W. Zary）于2003年培育，花色为橙粉色，花朵直径为10~12厘米，重瓣（26~40瓣），花量大，香气淡，多季重复开花，植株挺拔，易生黑斑病，可作切花、树篱、灌木观赏。

点火樱桃（Dianhuo Yingtao）

中国姜正之于2012年培育，花色为橙红色，花朵直径为5厘米，重瓣，多季重复开花，花量大，无香气，植株高60~90厘米，

株型紧凑，抗病性中等，耐热性强，适合在阳台、庭院盆栽。

红桃皇后（Queen of Hearts）

德国育种者蒂姆·赫尔曼·科德斯于2000年培育，花色为鲑鱼橙色，花朵大小中等（直径为8厘米），花型为莲座状，多季重复开花，植株直立性、分枝性好，抗黑斑病、白粉病能力优异，可作花坛、花境及盆花观赏。

莫海姆（Schloss Mannheim）

德国育种者莱默·科德斯于1975年培育，花色为橙红色，花朵直径为8厘米，重瓣，香气浓郁，多季重复开花，植株高度中等（120厘米），花期集中，勤花性好，抗病性与耐寒性极强，可作公园、庭院、道路两旁的绿化观赏使用。

希望之音（Message d'Espoir）

法国育种者马赛亚斯·玫昂（Matthias Meilland）于2018年培育，花色为橙色，花瓣基部从黄色逐渐变成橙色，花型为杯型，花朵大（直径为 11~13 厘米），半重瓣（17~25 瓣），香气淡或无香气，多季重复开花，花量巨大，植株高度中等（90 厘米），抗病性与耐热性强，株型紧凑茂盛，可作切花、花坛及道路绿化观赏。

◆ **紫色**

芬芳空气（Scented Air）

荷兰英特普兰特公司于 2007 年培育，花色为淡紫红色，花朵直径为 7 厘米，重瓣（26~40 瓣），花型为杯状，具有浓郁香气，植株高度中等，抗病性好，耐雨淋，可作盆栽或切花观赏。

幻紫（Huanzi）

中国育种者姜正之于 2021 年培育，花色为淡紫色，不同季节花色有差异，夏季为茶棕色，花朵为中等大小（8~10 厘米），花型为深杯状，花瓣尖，多季重复开花，植株直立紧凑，耐热性好，黑斑病抗性一般，可作花坛、花境及盆花观赏。

空蒙（Kongmeng）

中国育种者姜正之于2014年培育，花色为薰衣草紫，花朵直径为6~8厘米，重瓣，花型为杯状，具有中等浓度的香气（大马士革玫瑰香和麝香混合），多季重复开花，植株低矮（60~90厘米），耐热性强，可作成片地栽或者盆栽观赏。

朦胧紫（Hazy Purple）

日本育种者河本纯子培育，花色为淡紫色，花瓣边缘呈波浪形，花朵直径为10厘米，重瓣，香气淡雅，多季重复开花，植株高度中等（120厘米），抗病性与适应性极强，枝条细软但无垂头，日本著名的切花品种，也可作地栽、盆栽观赏。

诺瓦利斯（Novalis）

德国育种者蒂姆·赫尔曼·科德斯于2004年培育，花色为薰衣草紫色，花型为杯状，花朵直径为10厘米，重瓣花（50~60瓣），浓香气浓度中等，多季重复开花，植株高度中等（80~150厘米），植株直立性好，枝刺多，抗病性强，不耐晒、不耐雨淋，可作盆栽，在庭院种植观赏。

转蓝（Turn Blue）

日本育种者小林森治（Moriharu Kobayashi）于2006年培育，花色为紫蓝色，花朵直径为6厘米，半重瓣（17~25瓣），花型为平瓣杯状，无香气，多季重复开花，植株高度中等（80~100厘米），枝刺少，抗病性好，可作盆栽、地栽观赏。

暮光之城（Velvety Twilight）

日本育种者河合伸志（Takashi Kawai）于2010年培育，花色为艳丽的紫红色，花型杯状至莲座状，花瓣呈波浪形，花朵直径为8~10厘米，具有浓郁的锦缎香气，植株高度中等（100厘米），分枝多，株型紧凑，花量大且勤花性好，耐雨淋，抗病性较好，适合作阳台盆栽或丛植观赏。

苏农绛蓝（Sunong Jianglan）

中国育种者苏士利于 2021 年培育。花色为淡雅的蓝紫色，花型呈杯状，俯视形状为不规则圆形，花瓣为倒椭圆形，花朵直径为 10~12 厘米，重瓣，花量大，为中等浓度的水果香型，叶片中绿，叶边缘锯齿粗，花梗直立挺拔，枝刺少，适合庭院栽培或作公园绿化。

◆ 复古色

葵（Aoi）

日本育种者国枝启司于 2007 年培育，花色为复古色，豆紫红色中掺杂橙和粉，不同季节可能出现紫红色、紫粉色，花朵直径为 6~8 厘米，重瓣，花型为杯状，花瓣为倒椭圆形，有尖，有着淡淡的茶香，多季重复开花，植株高度中等（80~100 厘米），枝条细软，花开后有垂头，可在庭院种植观赏。

流沙（Quick Sand）

荷兰英特普兰特公司于2020年发布，花色为复古色，显色期为绿色，随开放变粉色、白绿色，最后呈现浅咖啡色，花朵直径为8~10厘米，重瓣（40~60瓣），花型为深杯状，花瓣边缘有锯齿，香味淡，多季重复开花，植株高度中等（120厘米），枝条直立性强，可在庭院种植及作切花观赏。

◆ 杏色

人间天堂（Heaven on Earth）

德国育种者威廉·科德斯三世（Wilhelm Kordes Ⅲ）于2003年培育，花色为柔和的桃杏色，花朵直径为8厘米，重瓣（41瓣），花型为杯状，花朵为圆形，香气温和（香料香型），多季重复开花，花期长，植株高度中等（120厘米），成簇开放，分枝性好，植株健壮，叶片大且光泽度高，可在公园、庭院种植观赏。

◆ 复色

橙色泡沫（Orange Splash）

美国育种者杰克·E.克里斯滕森（Jack E. Christensen）于1991年培育，花为复色，红色瓣面有米色条纹，花朵直径为7厘米，重瓣（20~30瓣），多季重复开花，花期从春初到秋末，有着中等浓度的香气，植株半直立，枝条着生密刺，抗黑斑病、白粉病能力较好，多头成簇开放，可作盆栽及花坛栽培。

却柯克（Pigalle）

法国育种者玛丽–路易斯·玫昂于1983年培育，花色为黄、橙与红复色，花朵直径为10厘米，重瓣（30瓣），香气淡雅，多季重复开花，花期长，植株高度中等（120厘米），植株健壮但枝条细软，抗病性强，耐晒性好，可作花坛，也可在庭院种植观赏。

鸡尾酒（Cocktail）

法国育种者玛丽–路易斯·玫昂于1957年培育，花色为复色，瓣面为绯红色，中心及雄蕊为黄色，花朵直径为6厘米，单瓣花（4~8瓣），有着中等浓度的香气，多季重复开花，枝刺多，抗病性好，植株高度为300厘米，具有攀缘性，可作藤本栽培观赏。

蓝月石（Blue Moon Stone）

日本育种者河本纯子于2018年培育，花色为淡紫色，外轮花瓣为奶油白色，花朵直径为6~8厘米，重瓣（41瓣），花型为莲座状，花瓣边缘尖，香气淡，多季重复开花，植株高度中等（120~200厘米），抗黑斑病能力差，可在庭院种植观赏。

玛蒂尔达（Matilda）

法国育种者阿兰·玫昂于1988年培育，花色为粉色，花瓣边缘呈深粉色，高温下变为白色，花朵为中等大小（直径为6~8厘米），半重瓣或重瓣，花瓣边缘呈波浪形，无

香味，多季重复开花，植株高度中等（120厘米），枝条直立紧凑，可作花境、花坛、群植造景及盆栽观赏。

希拉之香（Sheila's Perfume）

英国育种者约翰·谢里登（John Sheridan）于1979年培育，花色为黄粉复色，瓣面边缘为粉红色，内缘为黄色，花型为高心型，花朵大（直径为13厘米），半重瓣（20~25瓣），单头开放，香气浓郁，多季重复开花，植株直立挺拔（150厘米），叶色深绿且光泽度中等，可作公园、庭院地栽观赏。

希望（Kiboh）

日本育种者铃木省三于1985年培育，花色为红黄复色，瓣面为深红色，背面为黄色，花型为高心型，花朵大（直径为10~14厘米），重瓣（30瓣），香气淡或无香气，多季重复开花，植株高度中等（110厘米），株型紧凑，耐晒，抗病性一般，可作公园、庭院地栽观赏。

摩纳哥公爵（Jubilé du Prince de Monaco）

法国玫昂国际月季公司于 2000 年推出，花色为红白复色，花蕊为淡黄色，白色的花瓣边缘呈红色，花朵直径为 8~10 厘米，重瓣（35~40 瓣），具有淡雅的甜香味，花型为杯状，多头开放，复花性好，叶片油绿有光泽，植株高度中等（80~120 厘米）。抗病性强、耐阴性好，适合在阳台、庭院、公园及道路栽培观赏。

三、灌木月季

灌木月季，通常高度为 1~2 米，有些品种的植株可能会更高一些。枝条直立，花朵相对较小，色彩鲜艳，有些品种还会散发出浓郁的香气。花朵颜色丰富，包括红、粉、黄、白等多种颜色。灌木月季喜欢充足的阳光，耐寒、耐旱，喜排水良好、疏松肥沃的壤土或轻壤土。灌木月季具有观赏价值高、维护城市绿地、吸收灰尘、生长量大等特点，常用于花园、花坛、盆栽等观赏。同时，它也是鲜切花的重要材料。代表性品种有"天方夜谭""真宙""夏洛特夫人""亚伯拉罕·达比"。

◇ 白色

草莓奶昔（Les Fraises）

日本静冈县八木玫瑰园（Yagi Rose）于 2014 年推出，花色为乳白色，内轮花瓣为淡淡的粉色，花型呈莲座状，花朵直径为 8~14 厘米，重瓣（80 瓣），有着浓郁的大马士革玫瑰香味，多季重复开花，植株直立性好，高度中等（80~120 厘米），夏花表现好，抗黑斑病能力强，可作切花、阳台盆栽观赏。

纯洁（Pristine）

英国育种者戴维·C.H. 奥斯汀于 2016 年培育，花色为奶油色，重瓣（41 瓣），花朵直径为 8~10 厘米，初开期花型为杯状，后期呈玫瑰型，有中等浓度的香气，抗病性好，可作庭院、公园地栽及切花观赏，瓶插时间为 10 天。

格拉米斯城堡（Glamis Castle）

英国育种家戴维·C.H. 奥斯汀于 1992 年培育，花色为纯洁的白色，重瓣（40~120 瓣），花型为杯状，花朵直径为 10~12 厘米，有温和的没药香，多季重复开花，植株小巧紧凑，枝条细软，枝刺多，抗黑斑病、白粉病能力较差，可作庭院栽培或盆栽观赏。

伊芙斯·婚礼之路（Yves Wedding Road）

日本育种者今井清（Kiyoshi Imai）于2010年培育，花色为奶油白色，花朵直径为10厘米，花型为高心杯状，重瓣，多季重复开花，植株高度中等，直立性好，有浓郁的没药香，耐热性好，可作庭院栽培及手捧花观赏。

加百列大天使（Gabriel）

日本河本纯子于2008年培育，花色为灰白色，花朵直径为6~8厘米，花型为坛状，重瓣，多季重复开花，植株高度中等（100厘米），香气淡，耐晒、耐雨淋，抗病性较好，可作地栽、盆栽观赏。

绿云（Lvyun）

中国杭州花圃于 1979 年推出，花色为白色，外轮花瓣为淡绿色，花朵较大（直径为 10~12 厘米），重瓣（50~60 瓣），多季重复开花，单头开放，植株高度中等（120 厘米），分枝性好，植株直立，无香味，可用于庭院或公园种植观赏。

苏珊·威廉姆斯－埃利斯（Susan Williams-Ellis）

英国育种者戴维·C.H. 奥斯汀于 2005 年培育，花色为纯白色，内轮花瓣为奶油黄色，花型为莲座状，花朵直径为 8 厘米，重瓣，多季重复开花，有浓郁的老玫瑰香气，植株高度中等（120 厘米），最大的特点是耐寒，适用于道路绿化，可在公园、庭院栽培观赏。

可爱少女（Jolie Fille）

日本今井清于 2019 年培育，花色为白色，初开时带有绿色，重瓣，花朵直径为 10 厘米，花型为杯状，多季重复开花，香气淡，植株高度中等，抗病性中等，可作花坛、庭院地栽及切花观赏。

信念（Creed）

日本育种者木村卓功于2020年培育，花色为奶油白色，花型为杯状，重瓣（17~25瓣），多季重复开花，有浓郁的苹果、锦缎、蜂蜜混合香气，植株高度中等（150厘米），多头开花，植株直立性中等，抗黑斑病、白粉病性强，可作阳台盆栽及花坛、花境栽培观赏。

月亮女神（Artemis）

德国育种者汉斯·于尔根·埃弗斯于2004年培育，花色为白色，花型为初期球形后期杯状，花朵直径为4~6厘米，重瓣，多季重复开花，香气淡，植株高度中等（100~130厘米），叶片深绿而有光泽，抗黑斑病、白粉病能力优越，耐寒性好，可作切花、地栽观赏。

◆ 黄色

贝壳（Shell）

日本育种者（姓名不详）于2012年培育，花色为明亮的黄色，开放后期边缘为乳白色，花型为杯状，花瓣边缘为波浪形，花瓣质地好，花朵直径为6~10厘米，重瓣（30~40瓣），香气淡，多季重复开花，植株直立性好，抗病性良好，可作切花、阳台盆栽观赏。

歌笛（Goldie）

中国育种者姜正之于2021年培育，花色为黄色，重瓣，花朵直径为8~10厘米，花型为包子型，具有浓郁的柑橘、柠檬香，多季重复开花，抗黑斑病性强，耐热性好，夏花表现优异，可作花坛、花境栽培观赏。

魔力光辉（Molineux）

英国育种者戴维·C.H.奥斯汀于1994年培育，花色为深黄色，花型为平瓣杯状，花朵大小中等（直径为8厘米），超级重瓣

（110~120 瓣），多季重复开花，具有浓郁的荔枝香气，植株较低矮（60~80 厘米），抗黑斑病、白粉病能力强，耐热性差，可用于边界花篱、花架、花坛观赏。

柠檬酒（Limon Cello）

法国育种者阿兰·玫昂于 2008 年培育，花色为柠檬黄色，随着开放逐渐变浅，由黄色至白色，雄蕊为金黄色，花型为平瓣杯状，花朵直径为 4~6 厘米，单瓣花（4~8 瓣），多季重复开花，具有浓郁的香气，植株高度中等（60~105 厘米），抗黑斑病、白粉病能力极强，多头成簇开放，可成片种植作花海观赏。

萨沙天使（Sasha）

日本今井清培育，培育年代不详，花色由米黄色逐渐过渡到浅灰色，花朵呈杯状，花瓣边缘呈波浪状，花朵直径为 10 厘米，重瓣，多季重复开花，有浓郁的柠檬与大马士革玫瑰混合香气，花型像牡丹，易感染黑斑病，适合庭院种植。

第二章 苏州地区适栽月季品种图鉴 67

诗人的妻子（The Poet's Wife）

英国育种者戴维·C.H.奥斯汀于2006年培育，花色为亮黄色，花型初绽时呈杯状，盛开后呈牡丹花状，花瓣有尖，花朵直径为10~12厘米，重瓣，多季重复开花，具有浓郁的柑橘果香，植株高度中等（120厘米），非常耐热，可作花坛，也可在庭院种植观赏。

夏洛特夫人（Lady of Shalott）

英国育种者戴维·C.H.奥斯汀于2001年培育，花色为黄粉复色，瓣面杏黄色，背面金黄色，边缘粉红色，花型为深杯状或球状，重瓣（40瓣），多季重复开花，具有中等浓度的苹果和丁香混合香气，植株高度中等（120厘米），可作花坛、花境栽培观赏。

幸福感（Well-being）

英国哈克尼斯公司于2002年培育，花色为橙黄复色，瓣面黄色，边缘橙色，花朵直径为8~10厘米，重瓣（26~40瓣），多季重复开花，植株高度中等（150厘米），具有浓郁的柑橘、丁香、甘草混合香气，抗病性中等，可在庭院、花园种植观赏。

◆ 粉色

巴思之妻（Wife of Bath）

英国育种者戴维·C.H.奥斯汀于1969年选育，花色为粉红色，外轮花瓣颜色深，花型为玫瑰型，花朵直径为10厘米，重瓣，具有浓郁的没药香气，多季重复开花，花期长，可作地栽、盆栽栽培。

达佛涅（Daphne）

日本育种者木村卓功于2014年培育，花色为淡淡的粉红色，开放后期变绿，花朵直径为8厘米，花瓣边缘呈波浪形，半重瓣（17~25瓣），花型呈杯状，簇生开放，多季重复开花，无香味，枝刺较少，叶片浅绿且无光泽，抗病性强，长势快，可作庭院地栽、花坛、花境栽培观赏。

芳香礼服（Robe à la française）

日本育种者河本纯子于2011年培育，花色为粉红色（桃茶色，棕褐色调），花朵直径为8~10厘米，重瓣（41瓣），花型为杯状，淡淡的没药香气，抗病虫害能力较好，植株高度为150~200厘米，可作小藤本种植，用作花篱、廊架，亦可作盆栽、切花观赏。

绯红夫人（The Lady's Blush）

英国育种者戴维·C.H.奥斯汀于2010年培育，为纪念 *The Lady* 杂志创刊125周年命名，花色为淡粉红色，瓣面带有白色条纹，雌蕊为金黄色，花朵直径为6~8厘米，半重瓣（9~16瓣），花型为杯状，香气淡，多季重复开花，夏花表现好，花朵自洁性强，抗寒性好，适合作庭院种植及树月季观赏。

重瓣粉色绝代佳人（Pink Double Knock out）

美国育种者戴维·F. 科克罗夫特（David F. Cockcroft）于 2004 年培育，花色为深粉红色，花朵直径为 10 厘米，重瓣（30~35 瓣），为玫瑰香型，多季重复开花，耐寒性及抗病性非常出色，花量大，耐修剪，低维护成本，无香或淡香，植株高度在 100 厘米左右，适合作园林绿化种植。

弗洛斯河上的磨坊（The Mill On The Floss）

英国育种者戴维·C.H. 奥斯汀于 2018 年培育，花朵初开时为粉色，后期逐渐变紫，花型为杯状，花朵直径为 8~10 厘米，重瓣（41 瓣），有着淡淡的果香，多头成簇，多季重复开花，抗病性好，适合作阳台、庭院盆栽观赏。

家书（Jiashu）

中国育种者姜正之于 2020 年培育的品种，初开时花色为浅粉色，随开放变白，重瓣，

花朵直径为 8~13 厘米，多季重复开花，花型为莲座状，多头成簇开放，自洁性好，香气浓度中等，抗病性中等，抗热性好，可作盆栽、地栽观赏。

美多斯（Meduse）

法国育种者琼-马里·高雅（Jean-Marie Gaujard）于 1981 年培育，花色为深粉色（薰衣草色至粉红色），半重瓣（17~25 瓣），多季重复开花，香味清淡，叶色深绿且有光泽，植株高度中等（120 厘米），植株直立，呈小簇开放，可用于庭院或公园种植观赏。

美咲（Misaki）

日本育种者国枝启司于 2007 年培育，花色为粉红色，花型为杯状，花瓣边缘呈波浪形，花朵大小中等（直径为 6~10 厘米），重瓣花（100~120 瓣），多季重复开花，多头开放，复花性好，植株较低矮（60~80 厘米），有中等浓度的玫瑰香气，枝条细软易垂头，易感白粉病，耐晒性强，可用于庭院种植或阳台盆栽、切花观赏。

蒙娜丽莎（Mona Lisa）

日本育种者培育，育种者及培养年代不详，花色为柔和的粉白色，花型呈球状，花朵大小中等（直径为8厘米），重瓣，多季重复开花，植株高度中等（150厘米），具有浓郁的没药香气，枝条直立，分枝性好，可作庭院种植或阳台盆栽、切花观赏。

珊瑚果冻（Corail Gelee）

日本育种者河本纯子于2011年培育，花色为珊瑚粉色，花型优美，花瓣有褶边，花朵直径为6~8厘米，重瓣，多季重复开花，有中等浓度的香气，叶片光泽度高，抗病性好，植株高大（180厘米），爬藤性好，可以作花架、花篱，枝条粗壮的也可作切花和地栽。

索尼娅·里基尔（Sonia Rykiel）

法国育种者多米尼克·马萨德于1991年培育，花色为珊瑚

粉色，外轮花瓣边缘为琥珀色，内轮花瓣呈波浪形，花型为四分型，重瓣（26~40瓣），多季重复开花，有浓郁的水果和蜂蜜混合香气，枝条细软易垂头，抗黑斑病能力强，可作花坛、花境栽培观赏。

香奈儿（Chanel Terrazza）

荷兰育种者德·鲁伊特培育，培育年代不详，花色为粉红色，花型为杯状，重瓣（26~40瓣），多季重复开花，有中等浓度的香草和水果混合香气，植株高度中等（80~100厘米），多头开花，抗病性一般，可作阳台盆栽及花坛、花境栽培观赏。

亚伯拉罕·达比（Abraham Darby）

英国育种者戴维·C.H.奥斯汀于1985年培育，花色为杏黄色与粉色复色，花朵直径为10~13厘米，花型为杯状，重瓣（70瓣），多季重复开花，具有浓郁的水果香气，植株高大（120~300厘米），枝刺多，易垂头，抗病性较差，可作灌木或小藤本栽培，适合地栽。

伊芙斯·米欧拉（Yves Miora）

日本静冈县市川玫瑰园（Ichikawa Rose Garde）于2006年推出，花色为粉紫色，外轮花瓣翻卷，花朵直径为8厘米，花型呈莲座状，重瓣，多季重复开花，具有浓郁的锦缎与水果混合香气，植株低矮（40~50厘米），抗病性中等，不耐晒，可作阳台盆栽观赏。

伊芙斯·四号（Yves No.4）

日本京都府东农场（East Farm of Kyoto Prefecture）于2012年推出，花色为娇嫩的粉色，外轮花瓣为奶油白色，花朵直径为10厘米，花型为莲座状，重瓣，多季重复开花，具有浓郁的锦缎香气，植株高度中等（120厘米），抗病性中等，耐晒，枝刺少，可作阳台、庭院盆栽观赏。

伊芙斯·乙女心（Yves Respride File）

日本育种者今井清培育，培育年代不详，花色为淡淡的

粉色，内轮花瓣为柔和的粉色，外轮花瓣为奶油白色，花朵直径为10厘米，花型为圆杯状，重瓣，多季重复开花，具有浓郁的老玫瑰、柑橘、柠檬混合香气，植株高度中等（150厘米），抗病性中等，易感白粉病，枝条软，可作庭院种植观赏。

遗产（Heritage）

英国育种者戴维·C.H.奥斯汀于1982年培育，花色为淡淡的粉色，花型呈杯状，花朵直径为9厘米，重瓣（40瓣），多季重复开花，具有浓郁的柠檬香气，植株高度中等（120~150厘米），抗病性强，植株强健，枝刺少，不耐晒，易感黑斑病，可作公园、庭院种植观赏。

银禧庆典（Jubilee Celebration）

英国育种者戴维·C.H.奥斯汀于1993年培育，花色为粉色，花瓣背面为黄色，花型呈杯状，花朵直径为8~10厘米，重瓣（90瓣），多季重复开花，具有浓郁的柠檬香气，植株高度中等（120厘米），分枝多，花易垂头，抗病性、抗寒性强，可作地栽、盆栽观赏。

羽毛（Plume）

日本育种者河本纯子于2014年培育，花色为浅粉色，花型呈杯状，花瓣边缘呈波浪形，花朵直径为8厘米，重瓣（41~50瓣），多季重复开花，有中等浓度的茶香，植株高度中等（120厘米），分枝性一般，花朵易垂头，较耐热，可作地栽、盆栽观赏。

朱丽叶塔（Julieta）

法国育种者乔治斯·戴尔巴德于2015年培育，花色为橙粉色，花蕊为桃粉色，花瓣边缘呈波浪形，花型为深杯状，花瓣尖，花朵直径为8厘米，重瓣，香气淡，植株高度中等（80厘米），花瓣厚实耐晒，主要作切花，也可作盆栽、地栽观赏。

◆ 红色

慈萱（Cixuan）

中国育种者姜正之于2020年培育，花色为暗红色，开放后花瓣有丝绒质感，花朵直径

为8~13厘米，重瓣，花型圆润饱满，多季重复开花，有淡淡的大马士革玫瑰香气，叶片中绿且有光泽，植株直立挺拔，抗病性强，可作阳台、庭院盆栽及切花使用。

达西·巴塞尔(Darcey Bussell)

英国育种者戴维·C.H.奥斯汀于2005年培育，花色为暗红色，花朵直径为10厘米，花型为老玫瑰，重瓣（80瓣）多头开放，有浓郁的果香，多季重复开花，抗病性及耐热性好，植株高大挺拔，枝刺较密集，适合作庭院、公园花坛地栽，同时可作切花观赏。

怀旧优雅（M-Nostalgic Elegance）

日本童话月季公司（Fairy Rose）于2007年推出，花色为深粉红色，瓣面边缘为白色，花朵大（直径为10~15厘米），花型为玫瑰与中国古老月季的结合体，多季重复开花，植株半直立，叶色深绿且有光泽，抗病性优异，可作花坛、花境、盆花及切花观赏。

奇卡花环（Chica Veranda）

德国科德斯公司于2007年推出，花色为深粉红色，花朵直径6~8厘米，重瓣（26~40瓣），多季重复开花，香气淡，植株低矮（60~90厘米），叶片深绿且有光泽，抗病性强，花量大，适合在阳台盆栽，容易爆盆。

双人芭蕾（Pas de deux）

日本育种者今井清于2010年培育，花色为深玫红色，有绒毛质感，花型呈深杯状，花朵直径为8厘米，重瓣，多季重复开花，具有浓郁的香气，植株低矮（75厘米），花量大，抗病性好，但低温季节花苞不宜打开，适宜作阳台盆栽观赏。

伊芙斯·胭脂香水（Yves Rouge de Parfum）

日本育种者三轮真太郎（Shintaro Mitsu）培育，培育年代不详，花色为玫红色，花朵直径为10厘米,花型为莲座状，

重瓣，多季重复开花，单朵花期长，花瓣自洁性好，具有浓郁的水果、老玫瑰、没药混合香气，植株高度中等（60~120厘米），抗病性中等，叶片光泽性好，可作切花、庭院种植观赏。

隐喻（Allégorie）

法国育种者乔治斯·戴尔巴德于2015年培育，花色为深紫红色，夏季颜色淡，花型呈莲座状，花朵直径为7~9厘米，重瓣，多季重复开花，香气浓，植株高度中等（90厘米），枝刺多，抗病性强，可作地栽、盆栽观赏。

◆ 橙色

回眸（About Face）

美国育种者汤姆·卡鲁斯于2002年培育，花色为橙色，花朵直径为10厘米，花型为杯状，重瓣（26~40瓣），单头开放，多季重复开花，植株高大（180厘米），植株枝条软，直立性一般，有淡淡的苹果香气，枝刺多，易感黑斑病，喜光，可作花坛、花境栽培观赏。

肯辛顿花园（Kensington Garden）

荷兰贵宾玫瑰公司（Vip Roses）于 2017 年推出，花色为橙色，边缘为橙红色，重瓣，花朵直径为 8~12 厘米，多季重复开花，植株低矮（60~90 厘米），花期长，耐热性强，可作庭院、阳台盆栽观赏。

◆ 紫色

丁香经典（Lilac Classic）

荷兰英特普兰特公司于 2014 年推出，花色为蓝紫色，温度低时花色变深，花朵直径为 10 厘米，多季重复开花，花期长（单朵花期可达 10 天），叶色深绿且有光泽，植株健壮，直立挺拔，无香味，抗病性非常强，耐高温，适合作庭院盆栽及切花观赏。

青空（Le Ciel Bleu）

日本育种者木村卓功于 2012 年培育，花色为淡紫色，温度高时偏粉色，花朵直径为

8厘米，重瓣（26~40瓣），多季重复开花，花量大，成簇开放，具有浓郁的大马士革玫瑰和茶叶混合的香味，植株高度中等（140厘米），抗病性、耐热性、耐雨淋性均较好，适合在庭院、公园种植观赏。

蜻蜓（Libellula）

日本育种者今井清于2007年培育，花色为薰衣草紫色，花朵直径为7厘米，花瓣边缘有褶皱，重瓣，多季重复开花，为老玫瑰、柠檬混合香型，植株高度中等（70~100厘米），可作切花、盆栽观赏。

清流（Seiryu）

日本育种者河本纯子于2013年培育，花色为淡紫色，高温时变粉，花瓣边缘呈波浪形，花朵直径为8厘米，重瓣花，多季重复开花，香气浓度中等，植株高度中等（130厘米），耐热性一般，适合作阳台盆栽、庭院种植观赏。

紫砂杯（Porto Purple Cup）

日本育种者今井清于2013年培育，花色为粉紫色，花型呈杯状，花朵直径为8厘米，重瓣，外层花瓣尖,有中等浓度的大马士革玫瑰香气,多季重复开花,植株高度中等(100厘米),抗病性较好,夏花表现差,可作切花、盆栽、地栽观赏。

紫霞仙子(Nightingale)

荷兰西露丝公司(Schreurs)于2015年培育,花色为淡雅的蓝紫色,重瓣(40~50瓣),花型为高心杯状,花瓣微微向外翻卷,边缘呈波浪形,植株高大(100~185厘米),香气浓度中等,勤花性好,抗病性、耐热性均较强,适合作切花及在庭院栽培观赏。

遥远的鼓声(Distant Drums)

美国格里菲思·J.巴克(Griffith J. Buck)于1984年培育,花色为紫色与淡紫色复色,花朵直径为10~12厘米,花型为杯状,重瓣(40瓣),多季重复开花,具有浓郁的茴香和没药香气,植株高度中等(90~120厘米),叶片呈革质且有光泽,抗病性好,可作地栽、盆栽观赏。

惊鸿（Jinghong）

中国育种者姜正之于 2021 年培育，花色为粉紫色，重瓣，花朵直径为 12 厘米，多季重复开花，多头成簇开放，香气浓郁，混合了茶叶、没药和老玫瑰的香气，自洁性好，抗热性强，可作盆栽、地栽观赏。

蓝色狂想曲（Rhapsody in Blue）

英国育种者弗兰克·R.考利肖（Frank R.Cowlishaw）于 1999 年培育，花色为紫红色，后逐渐变为蓝色至蓝紫色，花朵直径为 6 厘米，花型为平展状，半重瓣（16 瓣），多头成簇开放，多季重复开花，植株高大（250 厘米），香气（辛辣味）浓度中等，抗黑斑病能力弱，不耐热，高温季节生长停滞，秋季恢复，可作低矮的藤本月季种植。

蓝色伊甸园（Blue Eden）

美国育种者汤姆·卡鲁斯于 2004 年培育，花色为紫色到浅紫色，瓣面基部为白色，花朵直径为

10厘米，花型呈球状，花瓣呈波浪状，重瓣（25~38瓣），成小簇开放，多季重复开花，植株高度中等（150厘米），具有强烈的柑橘、玫瑰混合香气，耐热性好，耐雨淋，可在庭院栽培观赏。

◆ 复古色

巧克力泡泡（Chocolate Bubbles）

荷兰育种者德·鲁伊特培育，花色为朱古力色，花朵直径为7厘米，重瓣，多季重复开花，有中等浓度的香气或淡香，植株低矮（80厘米），叶片多，多头开放，花量大，常用作切花，也可用容器栽培观赏。

◆ 杏色

真宙（Masora）

日本育种者吉池贞藏（Teizo Yoshiike）于2009年培育，花色为杏粉色，花型为杯状，花朵直径为8~10厘米，重瓣（100~150瓣），多季重复开花，有浓郁果香，植株高度中等（120厘米），枝条较软，叶片光泽度高，抗病性强，可作藤本、阳台盆栽或地栽观赏。

朱丽叶（Juliet）

英国育种者戴维·C.H.奥斯汀于1999年培育，花色为杏色，外轮花瓣颜色浅，花瓣边缘呈波浪形，花型为圆润的杯状，花朵直径为8厘米，重瓣（90瓣），淡淡的水果香气，植株高度中等（100厘米），夏季易得黑斑病、白粉病，枝条硬挺，主要作切花，也可作庭院、花园地栽观赏。

◆ **复色**

克劳德·莫奈（Claude Monet）

法国育种者乔治斯·戴尔巴德于2012年培育，以画家克劳德·莫奈命名，花色为红黄复色，粉红色瓣面带有黄色条纹，半重瓣（17~25瓣），花朵直径为8厘米，多季重复开花，有中等浓度的香气，植株高度中等（100厘米），植株直立，抗病性中等，可作阳台盆栽及地栽观赏。

奶昔（Milk Shake）

日本育种者（姓名不详）于2008年培育，花色为粉白相间的条纹，花型为杯状，花朵大小中等（直径为5~7厘米），重瓣，多季重复开花，香气淡，植株低矮（50厘米），植株直立性一般，适合阳台盆栽。

伊芙斯·飞溅（Yves Splash）

日本育种者（姓名不详）于2017年培育，花色为淡粉色，有白色条纹，花朵直径为8~10厘米，花型与牡丹类似，重瓣，多季重复开花，具有浓郁的大马士革玫瑰香气，植株高度中等（80~100厘米），枝条细软，抗病性中等，不耐高温与暴晒，可作阳台盆栽观赏。

罗斯曼妮·詹农（Rosomane Janon）

法国育种者多米尼克·马萨德于2001年培育，花色为粉红色和黄色混合色，黄色调为主，随开放变色，花

朵大（直径为13厘米），花型为杯状，重瓣（50~60瓣），多头成簇开放，多季重复开花，植株高度中等（100~120厘米），具有温和的果香，株型直立挺拔，枝刺多，抗黑斑病、灰霉病、锈病能力强，可用于花坛、道路绿化种植观赏，也可作盆栽观赏。

苏琪公主（Chance Pom）

日本今井清于2010年培育，花色为黄粉复色，花瓣外轮粉色，内轮黄色或杏色，花型为杯状，花朵直径为8厘米，重瓣，多季重复开花，有中等浓度的香气，植株低矮（80厘米），枝刺多，耐寒性、耐热性均较好，适宜作阳台盆栽及在庭院栽培观赏。

雅（Miyabi）

日本育种者国枝启司于2014年培育，花色为杏黄色，外轮花瓣为粉红色，花朵直径为12~15厘米，重瓣（100瓣），多季重复开花，植株高度中等（80~120厘米），香气淡或无香气，抗病性中等，可在庭院、花园种植观赏。

挚爱（Mon Chouchou）

日本育种者今井清于2009年培育，花色初期为杏粉色，随开放变为鲑鱼粉,花瓣边缘呈波浪形,花朵直径为 8 厘米,重瓣,有中等浓度的香气,植株高度中等(120 厘米),可作阳台盆栽或庭院地栽观赏。

妆容柠檬水(Eyeconic Lemonade)

美国育种者詹姆斯·A.斯普劳尔(James A. Sproul)于 2006 年培育,花色为红黄复色,花瓣边缘黄色,内缘红色,花型初期为杯状,后期变为扁平状,花朵直径为 8 厘米,半重瓣(10~12 瓣),单朵花期较短,香气淡,植株高度中等(90~120 厘米),叶片深绿且光泽度高,抗病性强,也可作盆栽、地栽观赏。

绿野(Lvye)

中国育种者黄善武于 1985 年培育,为中国农业科学院自育经典品种,花色为绿色,初绽时为黄绿色,随开放变为豆绿色,花朵大(直径 12 厘米),花型为圆润的杯状,半重瓣(17~25 瓣),

多季重复开花,花期长(单花花期可达3周),植株高大挺拔(180~300厘米),具有温和的茶香,抗病性、抗寒性强,可用于道路绿化种植观赏。

日本玛丽玫瑰(Marie Rose)

日本兵库县安臣花卉园(Anson Flower Garden)于2011年推出,花色为深玫红或紫红色,瓣面边缘为白色,温度低时白色更明显,花朵直径为8厘米,重瓣(40~60瓣),多季重复开花,成簇开放,有中等浓度的老玫瑰香气,花型像牡丹,抗病性一般,适合庭院种植及切花观赏。

四、微型月季

微型月季,株型低矮紧凑,成株高度通常不超过50厘米,分枝能力强。微型月季的花朵也相对较小,但色彩丰富,观赏价值高,生长速度较快,可以在短时间内达到观赏效果。喜疏松、排水良好的土壤,须定期修剪,保持其形态美观,适合在小型容器或阳台种植。代表性品种有"柯斯特""铃之妖精""杏色露台"等。

◇ 白色

白柯斯特(Witte Koster)

荷兰育种者M.科斯特和M.佐内(M. Koster & Zonen)于1929年培育,花色为白色,花朵直径为3厘米,花型为球形,重瓣(17~25

瓣），多聚花，勤花且花量大，多季重复开花，植株矮小，高度在 50 厘米以下，抗病能力强，花香不明显。可用作园林景观地被观赏。

奶油龙沙宝石（Creamy Eden）

法国育种者阿兰·玫昂于 2007 年培育，花色为柔和的奶油白色，花朵直径为 6 厘米，重瓣，香气淡，多季重复开花，成簇开放，植株矮小（40~50 厘米），分枝性好，适应性好，可用作阳台盆栽或地被观赏。

◆ 黄色

浪漫黄河（Meipaonia）

法国玫昂国际月季公司于 2002 年培育，花色为柔和的黄色，花朵较小（直径为 5 厘米），重瓣（75~80 瓣），香气淡或无香，多季重复开花，花型为深杯状，株型紧凑，分枝性好，叶片有光泽，抗病性较好，可用作阳台盆栽观赏。

第二章
苏州地区适栽月季品种图鉴   91

◆ **粉色**

樱坂（Sakurazaka）

日本育种者培育，培育者姓名、培育年代不详，花色为粉白色，高温时偏白，花朵直径为2~3厘米，单瓣至半重瓣，多季重复开花，花量大且花期长，成簇开放，植株低矮（20~30厘米），易感白粉病，可作盆栽观赏。

海神王阳台（Neptune King Terrazza）

荷兰育种者德·鲁伊特培育，培育年代不详，花色为粉色，花朵直径为9~11厘米，重瓣（30~40瓣），有淡淡的茶叶和蔷薇混合香气，花型似牡丹，多季重复开花，对高温和强光耐受能力强，不耐低温，可作阳台盆栽观赏。

铃之妖精（Fée Clochette）

法国育种者乔治斯·戴尔巴德于2008年培育，花色为柔和的粉色，花朵大小中等（直径为6厘米），

重瓣，具有浓郁的老玫瑰香气，多季重复开花，花型为杯状，花瓣尖，分枝性好，叶片深绿且有光泽，植株矮小（40厘米），抗黑斑病、

白粉病能力强，可用作阳台盆栽或地被观赏。

卖花姑娘（Flower Girl）

英国育种者加雷思·弗莱尔（Gareth Fryer）于1998年培育，花色为柔和的浅粉色，雄蕊为嫩黄色，花朵偏小（直径为5厘米），半重瓣（10~15瓣），有中等浓度的香气，多季重复开花，成簇开放，植株高度中等（150厘米），抗黑斑病、白粉病能力强，可作阳台盆栽或地被观赏。

茜（Akane）

日本育种者国枝启司于2010年培育，花色为粉色，花朵直径为4厘米，花型为包子型，重瓣，具有浓郁的香气，多季重复开花，植株紧凑，高度中等（60~80厘米），叶色深绿，抗病性中等，可作盆栽观赏。

◆ 红色

红柯斯特（Dick Koster）

荷兰育种者M.科德斯和M.佐内于1929年培育，花色为红

色，花朵直径为3厘米，半重瓣（17~25瓣），花型为球状，多季重复开花，花量大，成簇开放，植株低矮（50厘米），无香气，抗病与抗寒性强，可作园林景观地被观赏。

无限国王（King of Infinity）

丹麦艾萨克伦德公司（Rosa Eskelund）于2012年培育，花色为深红色，花朵直径为7厘米，花型呈莲座状，重瓣，香气淡或无香气，多季开花，花期长，植株低矮（50厘米），叶色油绿且光泽度高，可作室内装饰，庭院、阳台盆栽。

香奈儿阳台（Chanel Balcony）

荷兰育种者德·鲁伊特培育，花色为红色，花朵直径为6厘米，花型为杯状，重瓣，香气淡，多季开花，单朵花期长，植株低矮、紧凑（30~40厘米），叶色油绿且光泽度高，可作阳台盆栽。

◆ 橙色

果汁阳台（Juicy Terrazza）

荷兰育种者德·鲁伊特于2004年培育，花色为橙色，花朵直径为6~8厘米，重瓣（41~50瓣），多季重复开花，单花花期长，香味较淡，抗病能力中等，喜光，分枝性好，长势茂盛，植株高度为40~50厘米，适合阳台盆栽种植。

永远的喀麦隆（Cameroon Forever）

丹麦艾萨克伦德公司于2013年培育，为Forever系列中的橘红色品种，外轮花瓣为暗红色，内轮花瓣为鲜橙色，花朵直径为5~7厘米，重瓣，香气淡，多季重复开花，分枝性好，茎秆粗壮，抗病性较好，可作阳台盆栽观赏。

◆ 杏色

甜梦（Sweet Dream）

英国育种者加雷思·弗莱尔于1987年培育，花色为杏黄色，花朵直径为6厘米，花型为球状，

半重瓣（17~25 瓣），香气淡，春季一季开花，其他季节花量少，分枝性好，植株低矮（50 厘米），叶色油绿且光泽度高，抗病性中等，是非常受欢迎的阳台月季。

杏色露台（Abricot Terrazza）

荷兰育种者德·鲁伊特于2010年培育，花色多变，有杏粉色、浅橙色、杏黄色等，秋季变粉，花朵直径为5~7厘米，重瓣（40~50瓣），香气中等，多季开花，植株低矮（70厘米），叶色油绿且光泽性强，可作阳台、庭院盆栽。

◆ **复色**

芬芳宝石（Scented Jewel）

荷兰育种者（姓名不详）于2014年培育，花色为复色，紫色花瓣上有奶油色条纹，花朵直径为6~8厘米，花朵成簇开放，植株高度为60厘米，对白粉病、红蜘蛛抵抗力弱，对高温、低温的耐受性一般，需要精心养护，可作庭院、阳台盆栽观赏。

苹果挞（Tarte Pommes）

法国育种者乔治斯·戴尔巴德于2014年培育，花色为暗红色，带有淡粉色条纹，花蕊为黄色，开放后期变成蓝紫色，花朵直径为5~6厘米，重瓣，具有浓郁的水果香气，多季重复开花，开放早，花期长，分枝性好，植株直立不垂头，抗病性强且耐热，可用作阳台盆栽或地被观赏。

浪漫宝贝（Baby Romantica）

法国玫昂国际月季公司于2004年培育，花色为黄粉复色，中间花瓣为黄色，边缘有粉红色晕圈，重瓣，花型为包子型，花朵直径为4厘米，淡香或无香，花量大、花期长，植株低矮（40厘米），抗病性较好，耐修剪，易感黑斑病，适作盆栽观赏。

五、藤本月季

藤本月季，植株呈藤状蔓生，常需要依附他物攀缘生长或匍匐于地面生长。藤本月季的枝条长而柔软，分枝能力强，生长迅速，根系较发达，管理粗放、耐修剪。花朵有单瓣、半重瓣、重瓣等，花色有红、粉、黄、白等多种颜色,花朵数量多且花期较长,通常可在春季和秋季开花。藤本月季适合在光照充足的环境中生长,喜欢温暖、湿润,适合在肥沃、疏松、排水良好的湿润土壤中生长。适合做成花墙、花篱、花球等装饰品。代表性品种有"安吉拉""蓝色阴雨"等。

◆ **黄色**

黄金城堡（Chateau de Cheverny）

法国育种者乔治斯·戴尔巴德于2014年培育,花色为黄色,有杏色阴影,瓣面边缘有时呈粉红色,花型为杯状,重瓣(26~40瓣),花朵大小中等(直径为5~7厘米),多季重复开花,具有浓郁的香气,植株高度中等,可藤可灌,植株直立不垂头,耐寒性极强,抗病性优越,夏季高温易褪色。

◆ **粉色**

威基伍德（The Wedgwood）

英国育种者戴维·C.H.奥斯汀于2000年培育,花色为粉红色,花型呈杯状,重瓣(70瓣),花朵直径为8~12厘米,多季重复开花,

浓郁的丁香和水果混合香气，植株高大（1.8~3米），抗黑斑病、白粉病能力强，不耐雨淋，可藤可灌，可作花柱、花廊、拱门等观赏。

安吉拉（Angela）

德国育种者莱默·科德斯于1984年培育，花色为粉色，花朵直径为2~3厘米，半重瓣，花量大，多头开花（每头5~7朵），花期长，春季可持续开一个月，多季重复开花，春夏秋季均可开花一次，香气淡（水果香型），植株高大，可长至3~5米，枝条柔软。耐寒性及耐热性良好，生长速度快，可作花篱、花墙、拱门、盆栽等。

梦幻褶边（Fancy Ruffle）

荷兰英特普兰特公司于2015年培育，花色为粉白色，逐渐变为蓝紫色，花瓣有褶边，重瓣（45~55瓣），花朵直径为8~10厘米，多季重复开花，香气淡，枝条细软，植株高度可达2~2.5米，花期长，可作切花，也可作花柱、拱门等观赏。

胭脂扣（Yanzhi Kou）

中国育种者姜正之于 2012 年培育，花色为鲜艳的粉红色，随开放颜色变浅，重瓣，花朵小（直径为 4 厘米），春季开花，香气淡，植株高度可达 2~3 米，花量非常大，成簇开放成花海，抗病性良好，可作花柱、拱门等栽培观赏。

◆ 红色

弗洛伦蒂娜（Florentina）

德国育种者蒂姆·赫尔曼·科德斯于 2002 年培育，花色为红色，雌蕊为黄色，花型为杯状，重瓣（26~40 瓣），花朵直径为 9 厘米，分枝性好，香气浓度中等，抗病性强，一季花，枝刺多。可作花篱、廊架栽培观赏。

◆ 橙色

炽炎（Chiyan）

中国育种者姜正之于 2021 年培育，花色为橙红色，花朵直径为 6~8 厘米，重瓣，花型如包菜圆润蓬松，多季重复开花，具有淡淡的茶香味，抗病性及抗寒性一般，抗热能力较强，株高近 2 米，可作为小藤本种植。

◆ 紫色

蓝色阴雨（Rainy Blue）

德国育种者克里斯蒂安·埃弗斯于 2012 年培育，花色为淡紫色，重瓣（50~60 瓣），花朵不大（直径为 6 厘米），多季重复开花，花量大，香气淡，枝条细软，植株高度可达 5 米，耐热性差，夏季开花少，非常适合作花廊、花柱、拱门等观赏。

◆ 杏色

涵仙（Hanxian）

中国育种者姜正之于 2021 年培育，初开时花色为杏黄色，随开放花瓣边缘逐渐变成杏粉色，花型为浅杯状，重瓣，花朵直径为 8~10 厘米，多季重复开花，具有淡淡的水果香气，叶片有波纹皱褶，抗黑斑病、白粉病能力较弱，植株高度为 2~3 米，可作花墙、拱门。

◆ 复色

爱杜尔·马奈（Edouard Manet）

法国育种者乔治斯·戴尔巴德于2016年培育，花色为复色，红黄条纹带有粉色条纹，花朵直径为6~8厘米，花型呈莲座状，重瓣，多季重复开花，单花花期长，具有浓郁的水果香气夹杂大马士革玫瑰香气，枝刺较少，抗病性、抗寒性及耐热性良好，植株高大，枝条柔软，可作花坛、花墙、拱门等。

光谱（Spectra）

法国育种者玛丽-路易斯·玫昂于1983年培育，花色为红黄复色，重瓣（41瓣），花朵直径为14厘米，无香或有中等浓度的香味，多季重复开花，抗寒性好，喜光，适合作地栽观赏。

伊肉丝·莎斯特（Ines Sastre）

法国育种者阿兰·玫昂于2009年培育，花色为红粉白复色，红色、粉红色瓣面上有白色斑块，花色变化多样，重瓣（100瓣），花朵直径为8~10厘米，多季重复开花，有浓郁的果香，植株高度为1.2~2米，抗病性、耐热性优异，枝刺少，可作花柱、拱门等观赏。

第三章　月季在苏州地区的栽培养护

一、月季常见病虫害及防治方法

（一）黑斑病[①]

1. 症状

月季黑斑病主要侵染月季叶片、嫩梢、叶柄及花蕾。发病初期的叶片，正面出现褐色小斑点，随着病症的加重，小斑点逐渐扩大成为圆形或不规则的病斑，病斑为紫褐色至暗褐色。抗病性较强的品种，其叶片病斑边缘呈星芒射线状，发病后期病斑周围组织变黄；抗病性较弱的品种，植株中下部叶片全部脱落，仅留顶部少数叶片。嫩梢上病斑为紫褐色长椭圆形，病斑部位稍隆起。叶柄部位发病与嫩梢的症状相似。花蕾的病斑多为紫褐色椭圆形。这是由于黑斑病菌在寄主体内分泌毒素而使寄主细胞坏死，产生黑褐色的坏死斑，同时产生乙烯和脱落酸导致寄主叶片黄化脱落。

2. 发病规律

月季黑斑病的发病时期多在春末到秋季，夏季是盛发期。在苏

[①] 沈迎春.【专家发布】月季黑斑病田间防控技术规范 [EB/OL].(2019-07-11)[2023-02-19]. http://njy.jsnjy.net.cn/web/share/new.action?newId=8a7108d1-5293-4142-bcfb-7751f75edc47&from=timeline&isappinstalled=0.

州地区，月季黑斑病发生始见期，若在暖冬或早春温度回升快的年份，最早可在3月中旬，反之则迟发，最晚在4月上旬，常年平均为3月下旬间。夏季的发病盛期在4月下旬至6月下旬；秋季的发病盛期在9月至10月，终见期通常是11月下旬或12月上旬。年度间的发病轻重与气象条件有密切的关系。

3. 防治

农业防治和化学防治相结合，是控制月季黑斑病的重要措施。农业防治包括：清洁花圃，冬季对病株进行重度修剪，清除病茎上的越冬病原，并将病枝焚烧；选用抗病品种，进行多品种混栽；科学施肥、浇水，合理使用有机肥、磷肥、锌肥，使植株生长健壮，提高植株抗病性，发病期间避免施用氮肥，浇水采用滴灌、沟灌，避免在叶片上浇水，减少病菌入侵；合理密植，间行距不小于30厘米×40厘米。化学防治可以选用广谱、内吸、高效、持效期长的农药，兼治白粉病，供选择的药剂及其施药浓度如下：40%氟硅唑（乳油）3 000～4 000倍液（或120～150毫克/升）；10%苯醚甲环唑（可湿性粒剂）850～1 100倍液（或90～120毫克/升）；430克/升戊唑醇（悬浮剂）1 000～1 500倍液（或150～200毫克/升）；25%咪鲜胺（乳油）1 000～1 500倍液（或200～250毫克/升）；25%嘧菌酯(悬浮剂)1 000～1 500倍液(或160～250毫克/升)。雨量多、雨期长，用药预防的间隔期为5～7天；雨量少、雨期短时，可7～10天用一次药。采用喷雾法，喷药液量要达到600升/公顷，以保证月季植株上、下部叶片都能喷到药剂，不漏喷。为防止病菌产生抗药性，应注意不同药剂的交替使用。

黑斑病发病叶片

（二）白粉病①

1. 症状

月季白粉病危害月季的叶片、嫩梢、花蕾及花梗等部位，受害部位表面布满白色粉层，这是白粉病的典型特征。发病初期，叶片表面上多出现白色霉点，并逐渐扩展为霉斑，在适宜条件下，迅速扩大，连成一片，使整个叶面布满白色粉状物，发病后期会在白色霉斑上出现许多黑色小颗粒。嫩叶染病后，叶片皱缩、卷曲呈畸形，有时变成紫红色；老叶染病后，叶面出现近圆形、水渍状褪绿的黄斑，与健康组织无明显界限，叶背病斑处有白色粉状物，严重受害时，叶片枯萎脱落；嫩梢及花梗受害部位略膨大，其顶部向地面弯曲；花蕾受侵染后开花不正常或不能开放，花朵小而少，花姿畸形，花瓣也随之变色，大大降低了切花产量和观赏价值，连续多年发生则会严重影响植株的生长。

---

① 沈迎春.【专家发布】月季白粉病田间防控技术规范 [EB/OL].(2019-07-11) [2023-02-19]. http://njy.jsnjy.net.cn/web/share/new.action?newId=ef18ea25-f9a4-46ba-8ea5-565b01ff0828&from=singlemessage&isappinstalled=0.

2. 发病规律

温度和湿度对月季白粉病有重要的影响。月季白粉病病菌一般在温暖、干燥或潮湿的环境中易发病，降雨则不利于病害发生；氮肥施加过多，土壤缺少钙肥或钾肥时易发生该病；植株种植过密，通风透光不良，发病会严重；温度变化剧烈，土壤过干等，使寄主细胞膨压降低，都将减弱植物的抗病能力，而造成病害的发生；灌水方式、时间均影响发病，滴灌和白天浇水能抑制病害的发生。露地栽培月季每年的5—6月和9—10月为发病严重期，温室栽培可周年发生。

3. 防治

防治可采用农业防治和化学防治相结合的方法。白粉病与黑斑病的农业防治方法相同，注意通过加温、通风和利用先进灌溉技术来控制湿度，从而防止白粉病的发生与发展；化学防治方法、药剂施用方法同黑斑病。

白粉病发病叶片

(三)灰霉病[①]

1. 症状

灰霉病主要危害花卉的花、叶、茎,花朵受影响后表现最为明显。当灰霉病原侵害花朵时,花瓣上会出现褐色、浅褐色、白色等水渍状小斑点(因花卉品种不同,斑点的颜色各异),继而扩大直至花瓣腐烂。当侵害叶片时,在叶缘或叶尖处往往出现暗绿色水渍状斑块(如开水烫伤),并不断向叶内扩展直至叶腐烂。当侵害茎秆时,嫩茎或含水量高的茎上会出现褐色斑块,病斑上下左右扩展很快,病变部位会出现褐色腐烂。

2. 发病规律

当温度在22摄氏度,湿度在90%以上时,病害极易出现流行高峰;高温、多雨或久雨转晴及雷阵雨可加速病害流行。灰霉病在月季的整个生长期都可能发生,夏天尤为严重。室外一般在每年的5—6月份发生较多,棚室则周年发生。

3. 防治

选择内吸性和保护性药剂复配制剂或现混现用(现混现用需要考虑药剂

灰霉病发病情况

[①] 沈迎春.【专家发布】月季灰霉病田间防控技术规范 [EB/OL].(2020-02-19) [2023-02-19]. http://njy.jsnjy.net.cn/web/share/new.action?newId=fbfdacff-eb31-427e-8ab4-02b216566090&from=singlemessage&isappinstalled=0.

相溶性）。因月季灰霉病登记药剂很少，不同月季品种可能会有不同的使用效果，宜小面积试验后再用。供选择的药剂及其施药浓度如下：40%多菌灵（悬浮剂）500～800倍液（或500～800毫克／升）；50%异菌脲（可湿性粉剂）400～500倍液（或1 250～1 000毫克／升）；40%嘧霉胺（悬浮剂）500～1 000倍液（或400～800毫克／升）；50%啶酰菌胺（可湿性粒剂）500～1 000倍液（或500～1 000毫克／升）；10%腐霉利烟剂200～300克／667平方米棚室；45%百菌清烟剂250～300克／667平方米棚室。

（四）二斑叶螨[①]

1. 症状

二斑叶螨又称红蜘蛛，以螨群集于叶背刺，产生危害，卵多产于叶背及叶脉的两侧或聚集的细丝网下，导致叶片正面出现大量密集的小白点，叶背泛黄偶带枯斑，后期叶片从下往上大量失绿，卷缩脱落，造成大量落叶。

2. 发病规律

月季丰花季是二斑叶螨高发期，5—9月开始为害，二斑叶螨每年可发生12—20代，成年二斑叶螨

月季二斑叶螨在叶片和花上的发病情况

[①] 江苏花卉产业技术体系病虫防控创新团队.【专家发布】当前月季病虫害防治意见[EB/OL].(2021-06-01) [2023-02-19]. http://njy.jsnjy.net.cn/web/share/new.action?newId=b42e8cb9-dfe2-4243-a1ff-eec024950410&ms=1705461924281.

和卵主要寄居在杂草中越冬，隔年雌虫在种植区域内活动。

3. 防治

可用22%阿维·螺螨酯5 000~6 500倍液，10%苯叮·哒螨灵1 500~2 000倍液，43%联苯肼酯2 000倍液，97%矿物油150~300倍液。在杀虫剂喷洒过程中，应以叶片背面为中心进行喷洒。

（五）蚜虫[①]

1. 症状

蚜虫以刺吸植株幼嫩器官的汁液，危害嫩茎、幼叶、花蕾等，严重影响到植株的生长和开花。蚜虫集中在花蕾、嫩梢及幼叶，危害幼叶时集中在叶片背面，少数会危害老叶片。受害花蕾、幼叶、嫩梢不易伸展，蚜虫发生时会排泄大量蜜露，易发生霉污病。

2. 发病规律

3—5月为高发期（大棚内2月下旬开始），9—10月均会出现。

3. 防治

出现后可采用化学防治：喷施27%吡虫啉·联苯菊酯，15%高效氯氟氰菊酯·吡虫啉，25%噻虫嗪，27%吡虫啉·联苯菊酯等。

月季二斑叶螨在幼叶和花蕾的发病情况

---

① 江苏花卉产业技术体系病虫防控创新团队.【专家发布】当前月季病虫害防治意见[EB/OL].(2021-06-01) [2023-02-19]. http://njy.jsnjy.net.cn/web/share/new.action?newId=b42e8cb9-dfe2-4243-a1ff-eec024950410&ms=1705461924281.

二、不同类型月季整形修剪

（一）杂交茶香月季

冬季修剪去除枯枝、病枝、弱枝及长势差的枝条，保持株形均衡，主茎短截长度约 1/3，侧枝可短截 1/2。生长季节修剪主要摘除侧蕾，保证主蕾的营养与开花。

（二）丰花月季

冬季修剪移除所有长势减退、不健康的枝条，主茎短截 1/3，侧枝短截枝长的 2/3。生长季节修剪主要摘除主蕾，促使花序开花整齐丰满。及时修剪开花后长出的细小枝条和大量盲枝。

（三）灌木月季

冬季修剪枯枝、病弱枝，并梳理交叉枝，保留强壮新枝并短截 1/3。生长季节开花后短截，一般花枝下部保留 4～5 节。

（四）微型月季

微型月季的修剪主要考虑树形的美观，冬季修剪侧面和底部细弱盲枝，去除过多交叉枝、老化枝条，尽量保留外向芽点，植株高度保留在 15～20 厘米。生长季节剪掉枯萎花枝。

（五）藤本月季

藤本月季上一年的枝条开花较多，因此尽量避免重剪，冬季去除没有生长力的老化枝条、细小分叉，不符合造型需求的弱枝、重叠枝、底部枝条，选择性去除顶端枝条。藤本月季还需要在冬季进行牵引，通过横向牵引固定，打破顶端优势，保证有足够的芽点萌发，同时也可以确保花期一致整齐。

三、月季在苏州地区栽培养护月历

【1月】

修剪：本月苏州的月季处于休眠期，须结合植株整形，继续进行冬季强剪，并清理带有病虫害的枯枝烂叶。

水肥：月季的生长活动较弱，可以减少浇水和施肥的频率，保持土壤不干燥即可，同时可更换盆土，施加羊粪、花丁等有机肥。

病虫害防治：本月是清园的最佳时机，可以喷洒石硫合剂等清园药物，并喷施防治红蜘蛛、蚧壳虫的药剂，用18%吡虫·噻嗪酮（悬浮剂）可防治蚧壳虫。

【2月】

修剪：本月末苏州的天气逐渐转暖，月季开始进入半休眠期，本月上旬须完成冬剪，下旬枝条变软时可进行月季造型。

水肥：10天左右浇一次水，施用有机肥，促进月季根系的生长和养分的积累，开花较早的月季，此时可进行追肥。

病虫害防治：须加强红蜘蛛、蓟马、黑斑病、白粉病等病虫害预防，可用石硫合剂继续清园。

【3月】

修剪：本月苏州的月季开始萌发新芽，根据月季的形态和生长需求进行适当的弱剪，压枝造型，促进分枝和增加开花量。大花型月季可进行抹侧芽，促进主枝生长。

水肥：随气温升高，浇水频率可增加到1周1次，肥料以水溶肥为主，长花苞后可施加爆花肥。

病虫害防治：喷施杀虫剂、杀菌剂防治病害。广谱杀虫剂如氯氰菊酯、苯甲酰胺·噻虫嗪、20%溴氰菊酯·吡虫啉。

【4月】

修剪：嫁接苗的砧木蘖芽迅速徒长，消耗养分，影响整体美观度，应从生长点茎部根除。

水肥：本月苏州的气温逐渐升高，月季进入生长旺盛期，新芽快速抽条。需要进行水肥的补充，一般1周浇水2~3次，每次浇水要浇透。在浇水时可以添加适量的水溶性肥料，如氮磷钾肥或速效液体肥，促进月季生长和开花。

病虫害防治：本月须重点防治红蜘蛛、蓟马、蚜虫等虫害，以及白粉病、黑斑病等病害，防治药物有10%虫螨腈、虱螨脲、35%氯虫苯甲酰胺、6%阿维菌素·氯虫苯甲酰胺。此外，为防治茎蜂挂黄色防虫板。

【5月】

修剪：本月苏州月季进入盛花期，杂交茶香月季可进行抹芽，待花蕾长至5毫米时，抹除侧蕾。月底花期结束要进行花后修剪，促进侧枝抽条。

水肥：开花期营养消耗大，可施加缓释肥颗粒配合速效水溶肥，增施氮肥。浇水频率需要根据气温状况增加，保持土壤或基质湿润半湿润交替状态。

病虫害防治：本月需要重点防治月季长管蚜、红蜘蛛、蓟马等虫害，以及黑斑病、白粉病等。蓟马防治药物有10%多杀霉素、30%噻虫嗪、5%阿维·啶虫脒、10%多杀霉素·吡虫啉、20%吡虫啉·虫螨腈、16%啶虫脒·氟酰脲、蓟马迷诱剂、20%甲维盐·吡丙醚、30%虫螨腈·吡丙醚、20%虫螨·吡虫啉+15%唑虫酰胺。

【6月】

修剪：本月苏州的气温较高，下旬月季进入半休眠期，生长速度较慢，可以进行轻度的修剪，以保持月季的形态整齐和通风良好。部分品种有笋芽抽出，根据株型需要，进行适度的摘心和塑形。

水肥：盆栽月季每日浇水1次，地栽月季可视土壤墒情浇水。根肥配合叶面肥，每10天施用1次。

病虫害防治：本月雨水较多，须重点防治黑斑病，同时可喷施防治红蜘蛛、刺蛾、棉铃虫等的药物。

【7月】

修剪：本月苏州的气温达到高点，7月初月季第二次开花，开花后及时修剪，8、9月持续高温，夏花表现差的，可去除花蕾，储存营养。

水肥：高温多雨季节须结合天气情况浇水，降雨后及时排水，晴天时须在植物萎蔫前浇透水，同时可配合叶面喷水降温。肥料施加同6月。

病虫害防治：本月重点防治黑斑病和红蜘蛛。

【8月】

修剪：本月苏州的气温仍然较高，可进行轻度或中度修剪，使株型更加饱满，下旬植株开始抽条，株型较小的可以进行抹蕾，确保秋花质量。

水肥：修剪后施加速效营养液，每周2~3次，配合施加缓释肥颗粒。

病虫害防治：本月主要防治黑斑病、蓟马、蚜虫、红蜘蛛、夜蛾、黄刺蛾幼虫及青虫，喷施10%虫螨腈、虱螨脲、35%氯虫苯甲酰胺、6%阿维菌素·氯虫苯甲酰胺。

【9月】

修剪：修剪较早的品种本月底可进入花期，开花后及时修剪可再开一次秋花。

水肥：水肥管理与 8 月相同。

病虫害防治：继续防治蓟马、黑斑病、白粉病，本月易发霜霉病。

【10 月】

修剪：本月为月季秋季盛花期，一般不修剪。

水肥：浇水可视天气情况减少，以土壤湿润半湿润为宜。生长旺盛期需肥量大，施加根肥配合叶面肥，2~3 天 1 次。

病虫害防治：重点防治白粉病、红蜘蛛、蓟马等病虫害。

【11 月】

修剪：本月一般不修剪。

水肥：浇水比 10 月略有减少，为后期冬剪做准备。施加有机肥，配合每周 1~2 次水溶肥。

病虫害防治：重点防治白粉病、红蜘蛛，可用石硫合剂清园一次。

【12 月】

修剪：月季进入休眠阶段，月底进入休眠期，可进行冬季修剪。优先对藤本月季进行修剪和牵引，促进第二年开花。

水肥：施加有机肥，盆栽月季须进行换盆或换土。

病虫害防治：施用石硫合剂清园 2 次。

四、月季人工杂交育种

在适宜的环境条件下，根据育种目标，选择不同品种的月季作为父母本，在它们的花期一致时，于开花期间进行人工授粉。结实后，将杂交的种子进行播种，经过管理与筛选后，最终从杂交后代中选出性状优异的新品种。操作步骤如下。

（一）工具准备

需要准备的杂交工具和设备包括：挂牌、塑料培养皿、镊子、毛刷、网纱袋、干燥箱等。

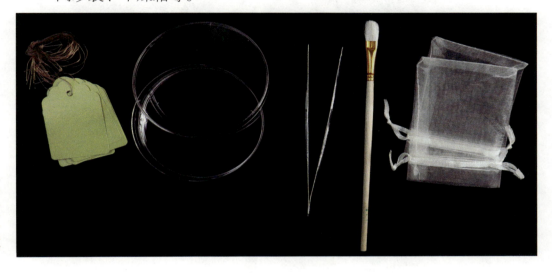

杂交工具选择

（二）父本选择

选择八分开放或者刚刚开放未变黑的雄蕊，去掉父本的花瓣，露出雄蕊，将花粉收集到培养皿中，置于干燥箱中晾干备用。若母本花期不在同一时期，可将干燥的花粉装入离心管，加入干燥剂，放入冰箱内冷藏备用，授粉时用毛刷蘸取适量花粉直接涂抹到母本花朵的柱头上。父本的雄蕊要发育正常，最好是花粉量大的品种，以获得更多的花粉确保授粉的成功，提高结果率。

刚刚开放的父本

花粉收集

干燥释放出花粉

（三）母本选择

根据育种目标，选择容易结果的母本，找到一个八分开的花朵（最好是 5 月的第一批花），去掉花瓣，观察雌蕊是否发育正常，否则要舍弃。

八分开放的母本

去掉花瓣

（四）去雄

去掉母本花朵的雄蕊，花药（雄蕊上面的黄色器官叫花药）必须处理干净，套上硫酸纸袋，等待第二天授粉或直接授粉。通常在八分开或者八分开之前去掉雄蕊，否则花药裂开，花粉会扩散污染。

去雄

（五）授粉

将父本的花粉收集到干净的授粉器中，然后在母本的柱头上轻轻涂抹，完成人工授粉过程。同时将父母本名称标注于挂牌，并标注授粉时间。

蘸取花粉

将花粉涂抹于母本柱头

（六）套袋

授粉完成后,将母本的花朵套袋,以防止外来花粉污染。

（七）种子收获和储存

当果梗均匀变黄时，收获杂交种子。将种子从果实中取出，并去除种子表面的绒毛，与浸透水的珍珠岩充分混匀（珍珠岩与种子比例为1.5∶1），置于冰箱4摄氏度冷藏一个月。

已经成熟的果实

种子的收集

珍珠岩与种子混匀

（八）播种

种子4摄氏度冷藏一个月后可进行播种，播种基质为草炭土和珍珠岩，比例为7∶3，播完后在上面覆盖5毫米的蛭石。

（九）移栽

种子苗萌发至 2 片真叶即可移栽，移栽时用镊子轻轻晃动小苗，待其根部松动后用镊子拔出，移栽后的真叶紧贴地面，防止浇水时打断花茎。

杂交苗的移栽

(十)杂交种子苗筛选

根据育种目标,观察月季杂交苗性状,选择合适的后代,例如丰花型月季筛选标准为具有特殊香气,刺少,花瓣多,长势强。将选择的后代进行大田测试,并记录其综合表现。

开花的月季杂交苗

第四章　苏州主要月季专类园鉴赏

月季专类园是指收集蔷薇科月季属原始种植物和现代月季杂交品种，结合其他园林景观要素布置的月季主题园，可以是独立的花园，也可以是公园中的一个园区。这种专类园的建设通常注重月季品种、花色、形态的多样化，以达到美化环境和提供科研、教学条件的目的。月季专类园中月季的品种丰富，通过收集各种不同品种的月季，包括杂交茶香月季、丰花月季、地被月季、藤本月季和微型月季等，展示月季的多样之美。月季专类园还是重要的种质资源收集地，依据当地气候特点，收集蔷薇属的各个种、古老的月季品种及现代月季的各种类型及品种，这不仅是研究月季发展的重要基础，也为育种和科研工作提供了宝贵的资源。此外，月季专类园还是科研与科普教育的重要场所，促进相关科技成果的应用和推广，为公众提供更多了解科学技术的机会。通过科普讲座、展览、实地讲解等，向公众传播月季分类学、生态学、遗传学等方面的知识。总的来说，月季专类园在景观美化、种质资源收集、科学研究和科普教育等方面都发挥着重要作用，是城市园林绿化中不可或缺的一部分。苏州的月季专类园众多，本章主要介绍了恩钿月季公园、盛泽湖月季园、金鸡湖欧月园、张桥月季公园、海虞月季园。

一、恩钿月季公园

为纪念"月季夫人"蒋恩钿女士为中国月季事业做出的杰出贡献，弘扬她热爱祖国、崇尚科学的可贵精神，2008年5月，在蒋恩钿百年诞辰之际，太仓市建设了以其名字命名的月季专类公园——恩钿月季公园，这也是中国第一个以个人名义命名的月季专类园。蒋恩钿是"中国月季是世界近代月季之母"学说的奠定者，她毕生推动着中国月季的育种和推广，考证了欧洲月季来源于中国，培育出70多个月季品种。她从1959年到1966年的7年里为北京天坛月季园收集了月季品种3 000多个，并为国庆10周年人民大会堂周边布置月季园，且让数百个品种的月季一起绽放。

恩钿月季公园坐落在太仓市省级现代农业园区核心区内，占地面积15万平方米，其中建筑面积2万平方米，公园以月季为主题，集月季培育、研发、观赏、花事活动、纪念和会展、休闲等多种功能于一体，着力推动月季文化的传播。恩钿月季公园集中展示了杂交茶香月季、微型月季、丰花月季、藤本月季、壮花月季、树状月季等六大类700多个品种。还展示了来自英国、法国、日本等国的月季品种，其中包括了以蒋恩钿为名的月季品种。

2008年5月22日，世界月季联合会将屡获大奖的"玖昂2003"（Meilland 2003）月季品种命名为"恩钿女士"（Madam Entian），世界月季联合会主席杰拉尔·梅兰（Gérard Meylan），专程从法国来到中国北京植物园举行命名仪式。2008年5月28日，梅兰主席参加了太仓恩钿月季公园奠基仪式，并亲自栽下4株"恩钿女士"月季，充分肯定了蒋恩钿对中国月季事业的发展及与世界月季界的交流做出的重要贡献。"恩钿月季"为红色灌木月季品种，植株高度为

120 厘米，花朵直径为 12 厘米，花瓣重瓣，超过 100 片，呈酒杯形，香气浓郁。茎秆上的花朵不易下垂，抗病能力强。

"恩钿月季"①

"月季夫人"蒋恩钿②

恩钿月季公园由"月季夫人"蒋恩钿纪念馆、月季品种集中展示区、月季研发中心、玫瑰茶楼、万花楼、教堂六部分组成。

恩钿月季公园入口③

---

① 参见藤本月季网，https://www.tengbenyueji.com/shrubroses/3010.html。
② 观赏园艺与创意栽培.[科普园地]花开中国，唯美月季[EB/OL].(2020-05-14)[2023-02-19]. https://iua.caas.cn/xkqk/xk/234111.htm.
③ 参见太仓发布的新浪微博，https://weibo.com/3195619433/AmWr10Iqg?refer_flag=1001030103_。

蒋恩钿纪念馆是恩钿月季公园集中展示蒋恩钿生平事迹的纪念馆，庭院用不同颜色的树状月季品种映衬蒋恩钿女士的雕塑。纪念馆建筑周围种植月季花带，窗户前种植树状月季，推窗即可赏花。

蒋恩钿纪念馆①

月季品种集中展示区展示的月季品种丰富多样，同一花色、品种的月季种植于草坪，用木桩围合形成不同月季品种的种植边界，同时提供了游人休闲游憩和近赏月季的园地。此外，月季品种集中展示区内也有北京天坛公园捐赠的月季品种。

---

① 参见玫瑰庄园景区网，https://www.tcnyy.com/news/8.html。

第四章 苏州主要月季专类园鉴赏

北京天坛公园捐赠月季品种

月季品种集中展示区[①]

---

① 参见百度百科，https://baike.baidu.com/item/%E5%A4%AA%E4%BB%93%E6%81%A9%E9%92%BF%E6%9C%88%E5%AD%A3%E5%85%AC%E5%9B%AD/5682799?fr=ge_ala。

月季在中西方花文化中都包含了爱情，恩钿月季公园中的建筑和一系列小品雕塑呼应了月季花文化。远观教堂掩映在月季花海中，而在教堂中推门或凭窗亦能欣赏月季的绽放。

教堂

万花楼

玫瑰茶楼

玫瑰茶楼和万花楼是恩钿月季公园中的两座功能性建筑，建筑周边采用复层混交的种植形式，以月季品种为主体，种植于路缘或建筑周边。月季品种采用多色组合的配色方式，营造了繁花盛开的景观效果。

恩钿月季公园在自然式总体布局下，结合微地形塑造，将月季和其他花草树木、建筑、雕塑相结合。利用丰富的月季品种，充分发挥了月季品种色彩、花型等观赏特性，采用了多样的应用形式，形成了花带、花坛、花架、花廊、花径、花篱，以及建筑基础种植、月季主体复层混交等多种应用形式。

恩钿月季公园月季的多种应用形式

正如中国作家协会会员、苏州市地方志办公室原主任叶正亭先生的评价:"恩钿月季之美,美在型,双心内包;美在色,宛如丝绒;美在味,花香似蜜。"蒋恩钿女士是苏州人的骄傲,恩钿月季公园是苏州月季应用的一张名片。

恩钿月季公园一角

二、盛泽湖月季园

盛泽湖月季园位于苏州相城区盛泽湖畔,建于 2008 年,占地面积 53.3 万平方米,是一座园湖一体,以月季为主题的生态休闲公园。园内种植月季万余株,近 1 000 个品种,充分发挥了月季品种花大色艳,开花期长,芳香馥郁,类型多样的特点。毗邻月季园北岸的盛泽湖,湖水清澈,水域面积达 5 平方千米,形成月季园独特的自然环境,风光秀丽,生态环境优美,月季花朵在水的映衬下更显娇艳。

盛泽湖月季园入口①

　　盛泽湖月季园共分为五大景区，分别是入口服务区、月季游赏区、生态科普区、运动游憩区和商业休闲区。月季游赏区是景区内面积最大的月季种植及观赏区域，涵盖了杂种茶香月季、壮花月季、丰花月季、藤本月季、微型月季、灌木月季等类型，采用自然或规则的种植方式，主要种植了"萨曼莎""绯扇""梅朗口红""粉扇""金徽章""坎特公主""光谱"等品种。（表1）

表1　盛泽湖月季园主要应用品种

品种类型	主要应用品种
杂种茶香月季（T.）	法国花边、黑夫人、昆特、绿云、马卡拉斯、十全十美、里程碑、金徽章、粉和平、丹顶
丰花月季（Fl.）	阿司匹林、冰山、红帽子、独立、萨拉托加、神奇、阿纳贝尔、小亲爱
壮花月季（Gr.）	希拉之香、卡罗拉、爱、友禅、雪山
微型月季（Min.）	郎梅狄娜、神奇木马、淡紫色的梦、太阳姑娘、友谊、粉柯斯特、橙柯斯特、星条旗、白柯斯特
藤本月季（Cl.）	紫雾、蓝河、白梅蒂郎、橘红潮
灌木月季（S.）	科莱特、列奥纳多、达·芬奇光谱、波尔卡、多特蒙德

---

① 参见去哪儿旅行网，https://travel.qunar.com/p-pl6123924。

盛泽湖月季园绽放的月季品种

为增加游客的体验感，游赏区内专为游客设置花语摄影基地，充分利用丰花月季开花繁茂，适合群植的特点和优势，将不同花色的品种配置成花带，背景种植香樟、玉兰等种类。同时搭建特色花架和拱门，在其基部种植藤本月季，通过牵引，使其沿棚架茂盛生长，形成视觉焦点，构成棚架下或虚或实的空间，增强月季园立面植物景观效果。

盛泽湖月季园中棚架月季应用

同时，月季与景墙或栅栏结合，月季攀爬垂直面，使景墙、栅栏生机盎然，与周围自然环境有机融合。

月季和景墙、栅栏的结合

在靠近盛泽湖区域设置湖畔花径风情区域，使游客行走于木栈道间，可远观湖光，近赏月季。水体边月季的应用丰富了水体构图。水体驳岸垂柳婀娜，丰花月季点缀岸边，与湖中荷花、睡莲、梭鱼草等水生植物相映成趣。

水体边月季的应用

在不同景区，月季品种结合园林要素分布在景区各景点内，在以月季为主体的植物群落中加入其他植物种类，利用植物的季相，弥补了非月季花期景观的不足，营造乔、灌、草多层次复合植物景观。

盛泽湖月季园内月季与其他园林要素构成景观

月季园内园路曲折回环，通过流线型的月季花带种植，使弯曲的园路、起伏的地形和植物群落形成整体景观，营造恬静优美的赏花路径。应用树状月季按一定株行距成行成列沿路栽植，体现了月季单株形态，形成整齐、有气势的景观效果，并能起到引导视线的作用。

月季赏花"花径"

树状月季应用

"接叶连枝千万绿,一花两色浅深红",盛泽湖月季园主题明确,场地规模较大,月季品种种植方式多样,既清晰直观展现了品种特性,又营造了月季应用的范例,体现了月季的个体美和群体美,使人们沉醉于月季鲜艳的花色、沁人的花香中。园内有内涵深厚的文化和繁多的品种,发挥了月季观赏、品种展示、文化传播和科普教育的功能。

三、金鸡湖欧月园

苏州金鸡湖欧月园位于苏州市工业园区金鸡湖畔,是一座集月季种植、展示、观赏、休闲等多功能于一体的主题公园。欧月园占地面积超过1 000平方米,园内月季在初夏的阳光下交织绽放,展现出绝美的花姿,散发着浓郁的芳香,成为湖畔新晋

金鸡湖欧月园一角①

---

① 新参见栀子花开0527的新浪微博,https://weibo.com/1105024065/MDOGi2srG。

"最美打卡地"。

园内种植了多种类型的月季,园内齐聚"瑞典女王""玛格丽特王妃""粉龙沙宝石""诺瓦利斯""红色直觉"等38个经典欧洲月季品种,还有树状月季、爬藤类月季等其他月季品种,共计112个月季品种,品种皆为精选,多而不杂。

园内还有小径、水景、休闲座椅等设施,为游客提供了舒适的游览环境。此外,欧月园还为游客提供了丰富多彩的活动,如花海穿越、花艺体验、亲子互动等。

金鸡湖畔的欧月园已经成为苏州城市的一张名片，吸引着越来越多的游客前来游览，感受欧月园的浪漫与美丽。

四、张桥月季公园

有着 2 500 年历史的张桥，位于古老的越来溪与吴中大道中间，四面环山，文化底蕴丰厚，位于西南部的生态湿地占地面积 400 余亩（约 30 万平方米），与旺山荡湖相连，形成了风景独特的现代自然生态园。苏州张桥月季公园以月季为主题，位于生态湿地公园的中部，占地面积约 15 000 平方米。通过自然地势、地形和月季特性的搭配，呈现出独特的月季花海景观。

张桥月季公园入口

走进公园，映入眼帘的是一片月季花的海洋。这里种植了香水月季、丰花月季、藤本月季、蔓性月季、壮花月季、微型月季、灌木月季、中国古老月季等 8 个大类 150 多个品种。这些月季花型多样，有单瓣和重瓣，还有高心卷边；色彩艳丽丰富，不仅有红、粉、黄、白等单色，还有混色、双色等。

水体边月季的应用

园内月季根据自然地形和月季特性搭配栽植，花开时，整个月季园层次分明，五彩斑斓，既见绿又见花。花圃内一条条青石板小道曲径通幽，可让观赏者置身于绚烂婀娜的月季花海中。

自然地形和月季特性搭配栽植

月季花海景观

此外，公园内还有月季花廊桥和用月季装饰的心形拱门，是赏月季的好地方。

用月季装饰的心形拱门

公园内还有景观湖、景观岛、景观桥等景点，以及健身器材、儿童游乐设施等，可以满足游客的不同需求。

月季园内的游乐设施

五、海虞月季园

苏州海虞月季园是常熟市的一座新兴月季主题公园，2015 年建成，位于海虞园内，占地面积大约 15 000 平方米。园内种植了香水月季、丰花月季、藤本月季等多种类型的月季，共计 80 多个品种，约 1 万株。

海虞月季园栽培品种①

每年 4 月下旬至 11 月，海虞月季园成为月季花的海洋，各种品种的月季花争相开放，给游客带来赏心悦目的视觉享受。园内有一条拱形长廊，长廊里缀满了五颜六色的月季花，形成绝美的花廊。此外，园内的月季花圃被精心修缮后，一年比一年美丽，形成震撼的视觉冲击力。

---

① 参见蒋小点爱摄影的新浪微博，https://weibo.com/2181283904/4369444295520252。

拱形长廊与月季的结合①

在园内游览,可以感受到满园的月季花千姿百态、五彩缤纷,宛若童话仙境里的花园。空气里弥漫着沁人心脾的香味,让人沉醉其中。同时,园内还有大片的草坪和绿植,满目青翠,赏心悦目。

海虞月季园棚架月季应用②

总之,苏州海虞月季园是一座集观赏、休闲、娱乐于一体的月季主题公园,给游客提供了一个赏花的好去处。

① 参见"颜子樂"的新浪微博,https://weibo.com/1652136704/LrT7ksB3G?refer_flag=1001030103_。
② 参见 2011 大漠孤夜的新浪微博,https://weibo.com/2628703774/MEjZx6DLR。

第五章　苏州城市道路景观月季应用

一、人民桥树状月季

苏州人民桥位于苏州古城中轴线上，是苏州第一座现代廊桥，桥身两侧的仿古长廊飞檐翘角，长廊柱子上的对联尽显吴文化气息。桥墩精雕细琢的16幅花岗岩浮雕，呈现了苏州的历史长卷。苏州人民桥的树状月季景观提升项目是由苏州市姑苏区政府联合多个部门共同设计和推动的，旨在提升城市环境和文化旅游品质，同时为市民提供一个宜居、宜游、宜养的休闲场所。

人民桥树状月季景观（一）

人民桥树状月季景观（二）

人民桥两侧道路绿化带的盆栽树月季，主要通过"绯扇"和"粉扇"两个品种嫁接而来，"绯扇"来自日本，"粉扇"为"绯扇"芽变品种，由南阳市育种者发现。这两个品种花朵超大，花期长，抗病性好，与砧木山木香亲和性好，非常适合嫁接树月季用作道路绿化。

粉色的"粉扇"与朱红色的"绯扇"①

人民桥古色古香的长廊与道路两侧的树月季花隔空辉映，成为古城亮丽的风景。同时，粉色、朱红色树月季与浅紫色、黄色、红色角堇搭配，颜色不同，高低错落，形成美丽悦目的植物群组。采

---

① 参见小浪先的知乎专栏，https://zhuanlan.zhihu.com/p/635473304。

用多种植物搭配,增加了绿化的层次感和丰富度。同时,注重植物的季相变化,使不同季节呈现出不同的景观特色。

树月季与角堇搭配

为了确保树月季的生长和景观效果,政府部门制订了专门的养护计划,定期对树月季进行修剪、施肥、浇水等管护工作,确保其生长良好。同时,加强对周边环境的保洁和维护,保持环境的整洁和美观。该项目自实施以来,得到了广泛的社会关注和好评。市民和游客们纷纷前来观赏树月季的美丽景色,感受古桥和新花的交相辉映。

二、高架桥箱式栽培月季

市政道路月季不仅可以软化生硬的建筑线条,还能起到吸附烟尘、降低噪声的作用,月季在苏州市政道路中的应用丰富多样。西环路高架、苏州火车站、火车北站高架桥采用顶置式箱体与外挂式箱体相结合的方式,放置盆栽月季20 000多盆。其选择适应性强,喜光耐寒耐旱,对土壤要求不严格的栽培品种。

苏州高架月季航拍图

江苏亚千生态环境工程有限公司实施了苏州高架月季景观提升工程。苏州高架桥箱式月季的特点是品种多、色彩艳丽、花型丰富。这些月季花包括了香水月季、丰花月季、藤本月季等多种类型，共计数十个品种。每个品种的月季花都有不同的花色和花型，有的花色鲜艳，有的花瓣重叠，有的花型独特，让人目不暇接。根据苏州气候条件和环境特点，选择了"小桃红""杏花村""安吉拉""北京红""深圳红""仙境"等品种，这些月季品种观赏性好，花量大，色彩鲜艳，复花性好，花自洁性强，可自行脱落，抗病虫害能力强，同时对高温、高湿耐受性强。

此外，这些箱式月季的养护管理也十分到位。园林工人们定期修剪、施肥、浇水等，确保这些月季花的生长和开花。同时，高架桥下的绿化带也得到了美化，增加了城市绿化的覆盖率，提高了市民的生活品质。

高架桥箱式月季栽培

第六章 苏州主要月季生产与研发单位简介

一、苏州市华冠园创园艺科技有限公司

苏州市华冠园创园艺科技有限公司成立于2015年9月,品牌IP为"天狼月季",在网络上拥有超百万粉丝,是一家月季种质资源收集、研发、生产、推广及销售一体化的综合性公司,截至2023年,公司拥有700亩(约46.67万平方米)生产基地。公司是国内领先的月季育种企业、苏州市龙头企业,已推出月季新品种200余个,荣获各种月季奖项。公司自育月季新品种先后在2016年世界月季洲际大会、2019年中国北京世界园艺博览会、2019年世界月季洲际大会上斩获金奖、银奖、铜奖30多项。利用淘宝、抖音、微信公众号等电商平台销售,形成了完善的研发育种、种苗生产和自媒体电商推广产业链。

生产基地一角

| 幻紫 | 胭脂扣 | 朱砂碗 |
| 涵仙 | 罗衣 | 知秋 |

二、苏州华绚园艺有限公司

苏州华绚园艺有限公司位于昆山市国家农业示范园内，承租土地185亩（约12.33万平方米），自建现代化智能温室20栋，占地7万平方米，种质资源圃2 800平方米，配备水肥一体化、喷滴灌和自动智能温室等现代化设施设备，拥有种植和管理经验丰富的研发团队。公司长期致力国际新优花卉品种的引进、研发、推广和销售，截至2023年，申报月季新品种7个，其月季新品在2023年首届世界月季博览会获特等奖和银奖各1项。

苏州华绚园艺有限公司

三、江苏亚千生态环境工程有限公司

江苏亚千生态环境工程有限公司位于苏州市级农业示范区相城区渭塘镇凤凰泾村，是苏州市农业产业化龙头企业，主营花卉花境生产与销售、立体花坛与花境布置、垂直绿化、屋顶绿化、水体生态植物修复等，拥有花卉花境植物生产基地800多亩（53万多平方米），温室大棚4万多平方米。与多家城市绿化管理和施工单位合作，打造了一批城市高端景观具体案例。有苏州人民桥树状月季景观，市区西环和北环高架桥立体月季花箱景观，干将路、三香路、人民路、狮山路立体花木景观等。

江苏亚千生态环境工程有限公司

四、常熟菁农园艺科技有限公司

常熟菁农园艺科技有限公司是一家专业从事国内外各种花卉引种、繁育、生产、销售的园艺公司，公司位于常熟市辛庄镇杨园，是一家专注庭院花卉植物、园艺资材的家庭园艺服务商，通过科学化的生产管理，采取"公司+基地+农户"的模式，年产月季、绣球等盆栽100万盆，2020年产值近4 000万元，90%以上通过互联网销售，截至2023年，拥有4家天猫店、2家淘宝店、1家抖音店，电商团队近30人，直播团队8人，总粉丝数近80万。

开展月季、绣球和铁线莲等新品种研发工作,已有13个新品在测试。

菁农园艺科技有限公司产品[1]

五、苏州农业职业技术学院

苏州农业职业技术学院(简称"苏农")于1912年开设园艺技术专业教学,被誉为我国园艺职业教育的发祥地。苏农"一枝花"品牌享誉省内外,近年来在月季等木本花卉的品种收集分类、快繁技术、新品种培育、种苗生产、商品化栽培等方面开展技术研究与

---

[1] 参见鲜花传奇园艺的新浪微博,https://weibo.com/6271517971/G7bdx5yJN。

推广，积累了较好的物质基础和工作经验，先后获批"江苏省花卉产业技术体系集成创新中心""江苏省特色花卉工程研究中心"、江苏省高校优秀科技创新团队（"特色花卉种质创新和良种繁育"）、省级林业长期科研基地（"蔷薇属花卉种质资源保育评价与产业化利用"）等，形成以"特色花卉新品种及集成技术推广应用"（全国农牧渔业丰收奖农业技术推广成果奖二等奖）和"花卉新优品种选育与产业化技术集成示范推广"（江苏省农业技术推广奖二等奖）为代表的一批标志性科研成果。学校"江苏省特色花卉科技兴农服务团队"获评全国文化科技卫生"三下乡"活动优秀团队。

月季课题组近年来围绕月季种质资源收集评价与种质创新、优质多抗新品种选育、优质种苗快繁与应用推广等核心研发工作，截至2023年，收集蔷薇（古老月季）及现代月季种质资源500多份，并对它们进行植物形态学、生理学、分子生物学鉴定与分析评价；授权月季国家植物新品种2个，申请并获批公告12个，选育优良单株系150多个；国家授权发明专利3项，实用新型专利1项；发表相关论文11篇；发布技术标准3项。月季课题组研究配套的种苗繁育和水肥一体化栽培技术，已在长三角地区形成示范，并获得推广。

苏州农业职业技术学院月季种质资源圃

参考文献

[1] 陈俊愉. 中国花卉品种分类学 [M]. 北京：中国林业出版社，2000.

[2] 王国良. 中国古老月季 [M]. 北京：科学出版社，2015.

[3] 李时珍. 本草纲目 [M]. 影印版. 北京：人民卫生出版社，1957.

[4] 皮埃尔-约瑟夫·雷杜德. 玫瑰圣经 [M]. 合肥：黄山书社，2011.

[5] 吴丽娟. 月季花文化研究 [D]. 北京：中国林业科学研究院，2014.

[6] 孙长东. 河南南阳月季花卉产业问题研究 [D]. 新乡：河南师范大学，2019.

[7] 赵阿香. 切花月季基质栽培与土壤栽培的综合评价研究 [D]. 昆明：云南大学，2017.

[8] 汪蔺. 郑州市月季产业发展现状与分析 [D]. 洛阳：河南科技大学，2014.

[9] 彭春生，等. 月季诗词三百首 [M]. 北京：中国林业出版社，2010.

[10] 汪放，张炎中. 月季诗词荟萃 [M]. 济南：山东画报出版社，2012.

[11] 贺蕤，杨希，刘青林. 月季育种的国内现状和国际趋势 [J]. 中国园林，2017（12）：35-41.